Astrid Nelke
Malte Fischer

30 Minuten

Employer Branding

Bibliografische Information der Deutschen Nationalbibliothek

Die Deutsche Nationalbibliothek verzeichnet diese Publikation in der Deutschen Nationalbibliografie; detaillierte bibliografische Daten sind im Internet über http://dnb.d-nb.de abrufbar.

Umschlaggestaltung: die imprimatur, Hainburg
Umschlagkonzept: Martin Zech Design, Bremen
Lektorat: Eva Gößwein, Berlin
Foto Astrid Nelke: HTW Berlin
Foto Malte Fischer: Nicolas Schwaiger, Berlin
Grafiken (sofern nicht anders angegeben): Astrid Nelke und Malte Fischer
Satz: Zerosoft, Timisoara (Rumänien)
Druck und Verarbeitung: Salzland Druck, Staßfurt

Hinweis:
Das Buch ist sorgfältig erarbeitet worden. Dennoch erfolgen alle Angaben ohne Gewähr. Weder die Autor_innen noch der Verlag können für eventuelle Nachteile oder Schäden, die aus den im Buch gemachten Hinweisen resultieren, eine Haftung übernehmen.

Printed in Germany

ISBN 978-3-86936-843-6

In 30 Minuten wissen Sie mehr!

Dieses Buch ist so konzipiert, dass Sie in kurzer Zeit prägnante und fundierte Informationen aufnehmen können. Mithilfe eines Leitsystems werden Sie durch das Buch geführt. Es erlaubt Ihnen, innerhalb Ihres persönlichen Zeitkontingents (von 10 bis 30 Minuten) das Wesentliche zu erfassen.

Kurze Lesezeit

In 30 Minuten können Sie das ganze Buch lesen. Wenn Sie weniger Zeit haben, lesen Sie gezielt nur die Stellen, die für Sie wichtige Informationen beinhalten.

- Alle wichtigen Informationen sind blau gedruckt.
- Schlüsselfragen mit Seitenverweisen zu Beginn eines jeden Kapitels erlauben eine schnelle Orientierung: Sie blättern direkt auf die Seite, die Ihre Wissenslücke schließt.
- *Zahlreiche Zusammenfassungen innerhalb der Kapitel erlauben das schnelle Querlesen.*
- Ein Fast Reader am Ende des Buches fasst alle wichtigen Aspekte zusammen.
- Ein Register erleichtert das Nachschlagen.

Inhalt

Vorwort

Aufgrund des demografischen Wandels gibt es in Deutschland immer weniger potenzielle Arbeitskräfte. Der Kampf um die Potentials hat sich verschärft, der War for Talents ist in vollem Gange. Aus der Personalknappheit erwachsen verpasste Wachstumschancen, die zu großem wirtschaftlichem Schaden führen können.

Aber nicht nur das Finden der Right Potentials gestaltet sich zunehmend schwierig, auch das Binden bestehender Mitarbeiter und Mitarbeiterinnen fällt schwer, denn eine emotionale Bindung ans Unternehmen gibt es kaum. Die Folgen sind eine höhere Fluktuation, mehr Fehltage und eine geringere Produktivität.

Das Finden und Binden der richtigen Beschäftigten wird daher für immer mehr Unternehmen zur zentralen Business-Herausforderung. Diese Entwicklung hat dazu geführt, dass Employer Branding in den letzten Jahren enorm an Bedeutung hinzugewonnen hat. Der Aufbau und die Pflege einer attraktiven Arbeitgebermarke sollen helfen, die richtigen Mitarbeiterinnen und Mitarbeiter für das Unternehmen zu begeistern und für eine hohe Identifikation der Beschäftigten mit ihrem Arbeitgeber zu sorgen.

In dem vorliegenden Buch wird ein etablierter Ansatz aus der Praxis zum Aufbau einer starken Arbeitgebermarke vorgestellt. Dabei wird im ersten Schritt das Unternehmen als Arbeitgeber positioniert. Auf Basis einer umfassenden Situationsanalyse (Unternehmen, Zielgruppe, Wettbewerb und Marke) wird die Employer Value Proposition (EVP) entwickelt. Sie bringt auf den Punkt, wofür das Unternehmen als Arbeitgeber steht, und gibt die Richtung für alle Employer-Branding-Maßnahmen vor. Im zweiten Schritt wird die EVP kommuniziert, zunächst im Unternehmen. Die bestehenden Mitarbeiter und Mitarbeiterinnen sollen die Arbeitgebermarke kennen, verstehen, erleben und bestenfalls selbst mit- und vorleben.

Nach der internen Implementierung wird die EVP an allen Kontaktpunkten zwischen Marke und potenziellen sowie bestehenden Beschäftigten zum Leben erweckt. Im besten Fall spüren Kandidatinnen und Kandidaten in der Phase vor dem Eintritt ins Unternehmen, in der Bewerbungsphase und in der Phase nach Eintritt ins Unternehmen die Arbeitgeberpositionierung immer und überall.

Das vorliegende Buch gibt kurze Einblicke sowohl in die theoretischen Grundlagen und Konzepte als auch in nützliche Werkzeuge für Analyse, Strategie und Umsetzung. Der Fokus innerhalb des Buches wurde auf das Kapitel „Arbeitgebermarke definieren“ gelegt, da es hier in der Praxis scheinbar den höchsten Bedarf gibt. Es richtet sich in erster Linie an Beschäftigte aus HR-Abteilungen, die mit dem Thema Employer Branding betraut sind oder werden.

Astrid Nelke und Malte Fischer

30 MINUTEN

1. Beschäftigte finden und binden – eine Herausforderung

Eine zentrale Ressource für den Unternehmenserfolg sind qualifizierte und motivierte Beschäftigte. Und gerade hier bemerken immer mehr Unternehmen, dass der Schuh drückt. Es wird zunehmend schwerer, geeignete Mitarbeiterinnen und Mitarbeiter zu finden und sie darüber hinaus dauerhaft ans Unternehmen zu binden. Employer Branding wird daher immer wichtiger, denn eine starke Arbeitgebermarke hilft dabei, diese Herausforderung zu meistern.

1.1 Das Finden und das Binden

Strukturelle Veränderungen und sich ändernde Rahmenbedingungen nehmen laufend Einfluss auf die Zukunft der Unternehmen. In den letzten Jahren nimmt die Alterung der deutschen Bevölkerung und die damit einhergehende abnehmende Zahl an vorhandenen Arbeitskräften in der Planung der Betriebe immer mehr Raum ein.
Der sogenannte demografische Wandel lässt die Zahl der Menschen, die 67 oder älter sind, bis zum Jahr 2040 voraussichtlich auf mindestens 21,5 Mio. steigen. Damit wäre sie rund 42 Prozent höher als noch im Jahr 2014, als sie 15,1 Mio. betrug (Statistisches Bundesamt 2016). Die Folge für die Unternehmen: Es wird in Zukunft immer weniger potenzielle Arbeitskräfte geben – bis 2050 soll sich ihre Anzahl fast halbieren. Damit wird es immer schwieriger für Unternehmen, die richtigen Beschäftigten zu finden, weil es einfach immer weniger geeignete Arbeitskräfte in Deutschland gibt.

Bis 2050 wird sich die Zahl der Arbeitnehmer fast halbieren.

Weitere Trends, die nach Trost (2012) einen Einfluss auf die künftige Arbeitsmarktsituation haben und damit auch die Wettbewerbsfähigkeit der Unternehmen beeinflussen, sind

- transparente, globale Arbeitsmärkte,

- zu wenige Fachkräfte vor allem in MINT-Berufen (Mathematik, Ingenieurwissenschaften, Naturwissenschaften, Technik)
- und das moderne Kommunikationsverhalten zukünftiger Generationen.

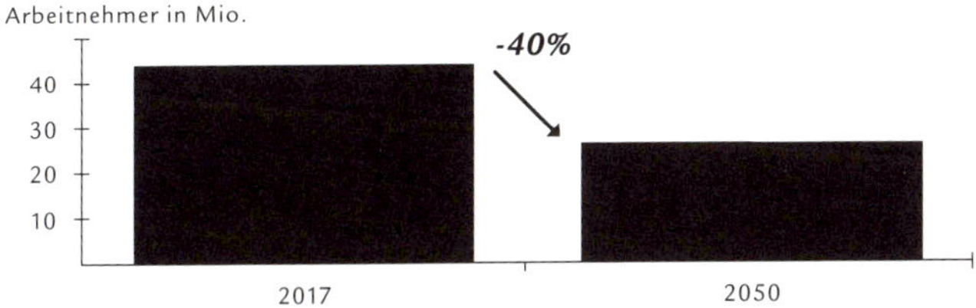

Abb. 1: Anzahl der Arbeitnehmer in Deutschland im Vergleich 2017 zu 2050 (basierend auf: Institut für Arbeitsmarkt und Berufsforschung)

Unternehmen müssen umdenken

Aufgrund dieser Aspekte müssen Unternehmen und Institutionen in Bezug auf das Thema Beschäftigte deutlich umdenken. Organisationen müssen sich zukünftig nicht nur bei ihren Kundinnen und Kunden bewerben, sondern vor allem auch bei den Wunschbesetzungen für vakante Stellen (Rath und Salmen 2012).

Zwei von drei Unternehmen fällt es heute schwer, offene Stellen zu besetzen.

Heute bekommen die wenigsten Unternehmen noch waschkörbeweise qualifizierte Bewerbungen für eine ausgeschriebene Stelle – stattdessen geht es heutzutage häufig um die Herausforderungen, Ausbildungsplätze und Positionen für Fachkräfte überhaupt noch besetzen zu können.

Abb. 2: Zwei von drei Unternehmen fällt es heute schwer, offene Stellen zu besetzen (basierend auf: Ernst & Young, „Mittelstandsbarometer", 2016)

Dies hat für die betroffenen Unternehmen weitreichende Folgen, denn aus der Personalknappheit erwachsen verpasste Wachstumschancen, die anschließend zu großem wirtschaftlichem Schaden führen können – dieser wird von Ernst & Young mit rund 31 Mrd. Euro pro Jahr beziffert!

Alte und neue Wege im Recruiting

Um sich im Bereich Rekrutierung besser positionieren zu können, nutzen Unternehmen verschiedene Kanäle der externen Kommunikation, um potenzielle Bewerberinnen und Bewerber zu erreichen. In den Recruiting Trends 2017 vom Staufenbiel Institut und

Kienbaum wurde deutlich, dass fast die Hälfte des Budgets für das Online-Recruiting in Online-Anzeigen fließt. Weitere zehn Prozent geben die befragten Unternehmen für Active Sourcing aus, neun Prozent für Karriere-Webseiten und nur vier Prozent für Postings in sozialen Netzwerken. 88 Prozent gaben an, das Karriere-Netzwerk Xing für die Rekrutierung zu nutzen, aber auch Facebook spielt bei 72 Prozent der Befragten eine Rolle beim Anwerben neuer Beschäftigter.
Immer mehr Unternehmen setzen auch auf Videos, um Nachwuchskräfte auf sich aufmerksam zu machen: Die Hälfte der Studienteilnehmerinnen und -teilnehmer nutzt YouTube für das Employer Branding, im Jahr zuvor waren dies nur 44 Prozent.
Aber auch die persönliche Kontaktaufnahme spielt laut dieser Studie weiterhin eine große Rolle, um passende Beschäftigte zu finden – Karriere-Events, Messen sowie persönliche Empfehlungen von bereits Beschäftigten sind für die Rekrutierung neuer Mitarbeiterinnen und Mitarbeiter weiterhin wichtige Instrumente.

Nicht nur finden, sondern auch binden

Nicht nur das Finden der richtigen Mitarbeiterinnen und Mitarbeiter ist für die meisten Unternehmen in Deutschland mittlerweile zu einer zentralen Business-Herausforderung geworden. Auch das Binden der bestehenden Belegschaft gestaltet sich zunehmend als schwierig.

84 Prozent der Arbeitnehmer fühlen sich kaum an ihren Arbeitgeber gebunden.

Aktuelle Studien zeigen, dass sich die meisten Beschäftigten nicht oder kaum an ihren Arbeitsplatz gebunden fühlen.

Abb. 3: Verhältnis gebundener und ungebundener Beschäftigter (basierend auf: Gallup Institut, „Gallup Engagement Index 2015")

Dies hat für die Unternehmen schwerwiegende Folgen, denn die Fluktuation ist bei ungebundenen Beschäftigten um 65 Prozent höher als bei Mitarbeiterinnen und Mitarbeitern, die eine hohe Bindung an ihr Unternehmen haben. Darüber hinaus weisen ungebundene Beschäftigte im Vergleich zu gebundenen rund 70 Prozent mehr Fehltage auf. Weiterhin haben ungebundene Mitarbeiterinnen und Mitarbeiter eine um rund 21 Prozent niedrigere Produktivität als die Beschäftigten, die sich ihrem Unternehmen innerlich verbunden und zugehörig fühlen.
Alles in allem ist diese Entwicklung in der Praxis ein echtes Problem für die Betriebe und ein bedeutendes

Hemmnis, wenn es um betriebliche Wertschöpfung geht. Und die Situation wird sich natürlich verschärfen, wenn die Anzahl der potenziellen Beschäftigten noch weiter zurückgeht.

Gerade in Branchen, die bereits traditionell vor Herausforderungen stehen, wenn es darum geht, ausreichende Fachkräfte zu rekrutieren, wie die Hotellerie und Gastronomie, die Pflegebranche, aber auch alle Branchen, in denen Berufe im MINT-Bereich (Mathematik, Informatik, Naturwissenschaften und Technik) dominieren, werden in Zukunft den War for Talents noch deutlicher spüren. Sie werden deshalb noch strategischer vorgehen müssen, um ihre vakanten Stellen mit gut qualifizierten Mitarbeiterinnen und Mitarbeitern zu besetzen.

Aufgrund des demografischen Wandels gibt es in Deutschland immer weniger potenzielle Arbeitskräfte. Der Kampf um die Potentials hat sich verschärft, der War for Talents ist in vollem Gange. Das Finden und Binden der richtigen Beschäftigten wird daher für immer mehr Unternehmen zur zentralen Business-Herausforderung.

30

1.2 Employer Branding wird wichtiger

In Kapitel 1.1 wurde verdeutlicht, warum es notwendig ist, dass sich Arbeitgeber bei zukünftigen Talenten bewerben, anstatt darauf zu warten, dass diese auf sie zukommen. Dieses Thema wird für Unternehmen und Organisationen in Zukunft noch wichtiger werden. Nach einer Studie der LinkedIn Corporation (2012) sahen weltweit rund 70 Prozent der Personalverantwortlichen das Thema Employer Branding als Top-Priorität für ihre Organisation.

Die Studie „Employer Branding und Produktreputation“ der Hochschule der Medien (2015) zeigt auf, dass das Thema Employer Branding für den deutschen Mittelstand deutlich an Bedeutung gewinnt. 40 Prozent der befragten Mittelständler haben bereits eine Arbeitgebermarke definiert, weitere 30 Prozent planen, dies zu tun.

92 Prozent der Experten sind der Meinung, dass die Bedeutung von Employer Branding weiter steigt.

Unternehmen investieren auch mehr Ressourcen in das eigene Employer Branding: Rund 40 Prozent investieren bis zu 200.000 Euro in die eigene Arbeitgebermarke, 76 Prozent bauen interne Ressourcen mit eigenem Know-how auf.

Bei etwa 36 Prozent gibt es bereits ein festes oder temporäres eigenständiges Team für das Thema Employer Branding im Unternehmen. Außerdem werden darüber hinaus externe Schulungen in Anspruch genommen und externe Beraterinnen und Berater hinzugezogen (rund 18 Prozent).

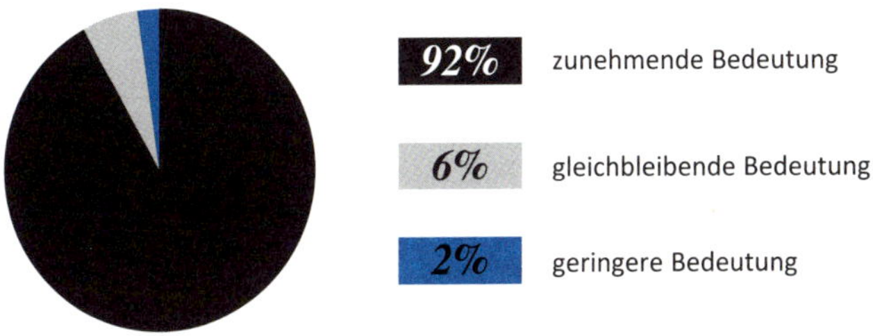

Abb. 4: Bedeutung von Employer Branding im Unternehmenskontext (basierend auf: Hochschule der Medien 2015)

Die befragten Experten sind sich zu 92 Prozent einig, dass Employer-Branding-Themen eine steigende Bedeutung im Unternehmenskontext erfahren, nur zwei Prozent gehen von einer abnehmenden Bedeutung aus. Fast alle sehen in ihrer eigenen Employer-Branding-Nutzung ein Verbesserungspotenzial, rund 60 Prozent gehen davon aus, dass die Reputation ihres Unternehmens entscheidend für die Bewerbungsentscheidung potenzieller Talente ist.
Bereits ein Jahr zuvor gaben bei einer Studie von Esch (2014) 70 Prozent der befragten Managerinnen und Manager an, dass die Bedeutung von Employer Branding hoch ist. Den größten Bedarf gab es augenscheinlich bei der Entwicklung einer Strategie und deren Umsetzung nach innen und an den sogenannten Recruiting-Touchpoints, also an den Stellen, an denen das Unternehmen Kontakt zu potenziellen Kandidatinnen und Kandidaten aufnimmt.

80 Prozent der Befragten gaben an, dass eine Employer-Branding-Strategie wichtig sei, aber nur 37 Prozent setzen eine geeignete Employer-Branding-Strategie tatsächlich um – hier klafft also in der Realität noch eine große Lücke zwischen Theorie und Praxis: Die Wichtigkeit eines langfristigen strategischen Umgehens mit dem Thema wird zwar durchaus erkannt, doch es hapert an der realen Umsetzung einer entsprechenden Strategie.
In den Recruiting Trends 2017 vom Staufenbiel Institut und Kienbaum gaben 55 Prozent der Personaler an, den Fachkräftemangel aktuell bei der Gewinnung von Beschäftigten stark zu spüren – 59 Prozent gehen bei ihrer Prognose für die nächsten fünf Jahre davon aus, dass der Fachkräftemangel weiter steigen wird.
Knapp drei Viertel (73 Prozent) der Befragten sind der Meinung, dass Employer Branding auf der Agenda der Personalabteilung ganz oben stehen sollte, 76 Prozent setzten sich bereits mit diesem Thema aktiv auseinander.
All diese Zahlen sprechen im Grunde für sich: Employer Branding ist bereits heute wichtig und außerdem ein Zukunftsthema, das unaufhaltsam an Bedeutung gewinnen wird. Sich dessen bewusst zu sein, ist der erste Schritt, doch genauso wichtig ist eine durchdachte Strategie beim Entwickeln der Arbeitgebermarke, die zügig umgesetzt werden sollte.

Die Expertinnen und Experten sind sich einig: Die Bedeutung von Employer Branding hat in den letzten Jahren entscheidend zugenommen – auch in Zukunft wird das Thema für die deutschen Unternehmen immer wichtiger werden, nicht zuletzt aufgrund des demografischen Wandels, der den War for Talents noch verschärft.
Deshalb wollen viele Organisationen ihre Arbeitgebermarke aktiv steuern und nicht mehr nur passiv auf Entwicklungen reagieren. Dies erfordert eine geeignete Employer-Branding-Strategie und deren konsequente Umsetzung.

30 MINUTEN

Wofür steht das Schlagwort Employer Branding?

Seite 22

Welche Ziele können Unternehmen durch Employer Branding erreichen?

Seite 25

Wie lässt sich Employer Branding als Managementprozess umsetzen?

Seite 30

2. Was ist Employer Branding?

Alle reden von Employer Branding – doch was verbirgt sich eigentlich hinter diesem Schlagwort? Das folgende Kapitel definiert den Begriff Employer Branding, zeigt die drei zentralen Funktionen sowie die Ziele von Employer Branding auf und stellt den Employer-Brand-Management-Prozess vor.

2.1 Definition von Employer Branding

Ein wichtiges Konzept zur Umgehung des immer größer werdenden Fach- und Führungskräftemangels ist das Employer Branding. Übersetzt bedeutet dieser Begriff so viel wie Arbeitgebermarkenbildung – er umfasst strategisch die Gestaltung und Führung der Arbeitgebermarke. Operativ beinhaltet er die konkreten Aktivitäten, die diese stärken sollen.
Seit den späten 1990er-Jahren taucht der Begriff Employer Branding immer wieder in der Literatur auf, Stotz und Wedel-Klein führen verschiedene Definitionen aus und stellen daraus eine eigene Definition auf:

Definition nach Stotz und Wedel-Klein
„Employer Branding ist ein Teil des strategischen HCM [Human Capital Management], bei dem das Besondere des Unternehmens als Arbeitgeber erarbeitet, operativ umgesetzt und nach innen sowie außen kommuniziert wird." (Stotz und Wedel-Klein 2013, S. 8)

Damit machen die Autoren klar, dass das Employer Branding Teil des HCM ist, dass eine Unique Selling Proposition (USP) des Unternehmens als Arbeitgeber erkannt und ausgearbeitet werden muss und dass es sowohl der internen wie der externen Kommunikation dieser Aspekte bedarf.

Ein einzigartiges Image

Das heißt auch, dass Employer Branding immer individuell auf ein Unternehmen oder eine Organisation zugeschnitten werden muss und dass ein „One fits all" in diesem Bereich nicht funktionieren kann. Nur so kann die Arbeitgebermarke in den Köpfen der potenziellen, aktuellen und der ehemaligen Beschäftigten positioniert werden.

Nach Stotz und Wedel-Klein wird im Zuge des Employer Branding ein einzigartiges Image des Unternehmens als Arbeitgeber aufgebaut, gepflegt und weiterentwickelt. Die Beschäftigten sollen eine positive emotionale Beziehung zu ihrem Unternehmen aufbauen, durch die sowohl die Qualität ihrer Arbeit und ihre Produktivität steigen als auch die dauerhafte Bindung zu dem Unternehmen entsteht. Employer Branding ist also eine für jede Organisation individuell zu lösende Aufgabe, die bedeutend von den vorhandenen Rahmenbedingungen geprägt wird.

Markenkern und Markennutzen

Nach der Definition der Deutschen Gesellschaft für Personalführung (2012) besteht die Arbeitgebermarke aus dem definierten Markenkern, der die Besonderheit des Arbeitgebers bündelt, der sogenannten Employer Value Proposition (EVP), und dem von diesem Markenkern abgeleiteten und zielgruppengerecht formulierten Markennutzen, der entscheidend für die Legitimität der Marke ist. Auch die Markenpersönlichkeit, also die Tonalität, mit der die Marke transportiert werden muss, um erfolgreich zu sein, bestimmt die Arbeitgebermarke mit.

Ein strategisch orientierter Prozess

Für Walter und Kremmel hat der Bereich Employer Branding in den letzten Jahren einen hohen Bedeutungszuwachs erlebt. Sie verstehen unter Employer Branding einen strategisch orientierten Managementprozess zum Aufbau und zur Pflege einer Arbeitgebermarke.

Definition nach Walter und Kremmel
Die Arbeitgebermarke beinhaltet die Summe „aller Vorstellungen von einem Unternehmen als Arbeitgeber, die durch den Unternehmensnamen, das Unternehmenslogo und andere sichtbare Markenelemente ausgelöst wird“. (Walter und Kremmel 2016, S. 5)

Damit liegt ihr Fokus auf drei zentralen Aspekten:

1. Wirkungsbezogenheit:
Die Arbeitgebermarke wird nicht nur durch sichtbare Elemente wie das Logo oder den Unternehmensnamen definiert, sondern auch durch die Vorstellungen, die diese Elemente in den Köpfen derjenigen auslösen, die sie betrachten.

2. Ausrichtung auf den Arbeitsmarkt:
Eine Arbeitgebermarke beinhaltet die Vorstellungen von dem Unternehmen in seiner Funktion als Arbeitgeber und richtet sich auf den Arbeitsmarkt.

3. Employer Branding als Teil der integrierten Markenführung:
Markenführung lenkt die Vorstellungen der Zielgruppen nicht nur in Richtung Arbeitsmarkt, sondern auch in Richtung Absatzmarkt.
Aus diesem Grund sind Employer Branding und Customer Branding im Sinne der integrierten Markenführung aufeinander abzustimmen, solange sie sich auf dieselbe Marke beziehen.

Begriffliche Abgrenzung
Die Grenzen zum Personalmarketing und zum Recruiting sind in der Praxis fließend. Grundsätzlich gilt aber:
- Employer Branding ist strategisch.
- Personalmarketing und Recruiting sind taktisch bzw. operativ.

30

Unter Employer Branding wird der Aufbau und die Pflege einer attraktiven Arbeitgebermarke verstanden. Dabei bringt die Arbeitgebermarke auf den Punkt, wofür das Unternehmen als Arbeitgeber steht.

2.2 Funktion und Ziele von Employer Branding

Unternehmen nutzen Employer Branding, um gerade in Zeiten eines sich verschärfenden Fachkräftemangels dafür zu sorgen, dass ihnen ausreichend geeignete Mitarbeiterinnen und Mitarbeiter zur Verfügung stehen. Die Zielsetzung des Employer Branding lässt sich jedoch noch genauer beschreiben und differenzieren.

Drei zentrale Funktionen

Für Walter und Kremmel (2016) hat Employer Branding aus Unternehmenssicht drei zentrale Funktionen:

1. Die Profilierungs- und Differenzierungsfunktion:
Durch Employer Branding kann sich die Organisation als Arbeitgeber in den Köpfen potenzieller und bestehender Beschäftigter möglichst positiv positionieren. Werden die kommunizierten Eigenschaften potenziellen Wettbewerbern um die qualifizierten Mitarbeiterinnen und Mitarbeiter nicht zugeschrieben, kann sich die Organisation durch ihre Arbeitgebermarke vom Wettbewerb differenzieren.

2. Die Rekrutierungsfunktion:
Die Arbeitgebermarke kann entscheidend zum Rekrutierungserfolg beitragen, wenn sie klare und nicht verwechselbare Vorstellungen bei den Zielgruppen auslöst.

3. Die Bindungsfunktion:
Bestehende Beschäftigte können durch das Employer Branding emotional an die Organisation gebunden

werden. Aus einer starken emotionalen Bindung heraus können zahlreiche gewünschte Verhaltensweisen der Beschäftigten resultieren. Hierbei nennen die Autoren eine geringe Fluktuation sowie ein sogenanntes Extra-Rollen-Verhalten wie Weiterempfehlungen oder das Einbringen von Ideen und Verbesserungsvorschlägen.

Ziele im Überblick

Nach der Definition der Deutschen Gesellschaft für Personalführung (2012) sind die Ziele des Employer Branding:

- Erhöhung der Attraktivität als Arbeitgeber bei potenziellen Beschäftigten
- Verbesserung der Rekrutierungsqualität
- Steigerung der Motivation und Leistungsbereitschaft der vorhandenen Beschäftigten
- Erhöhung der Bindung der Beschäftigten an das Unternehmen

Bildung einer Arbeitgebermarke

Walter und Kremmel (2016) definieren das Ziel des Employer Branding immer als die Bildung einer Arbeitgebermarke. In diesem Zusammenhang ist die Wirkung der Arbeitgebermarke besonders wichtig, die in Abbildung 5 veranschaulicht wird.

In diesem Modell von Walter und Kremmel wird die Arbeitgebermarke durch das Employer Brand Management vor dem Hintergrund bereits vorhandener Unter-

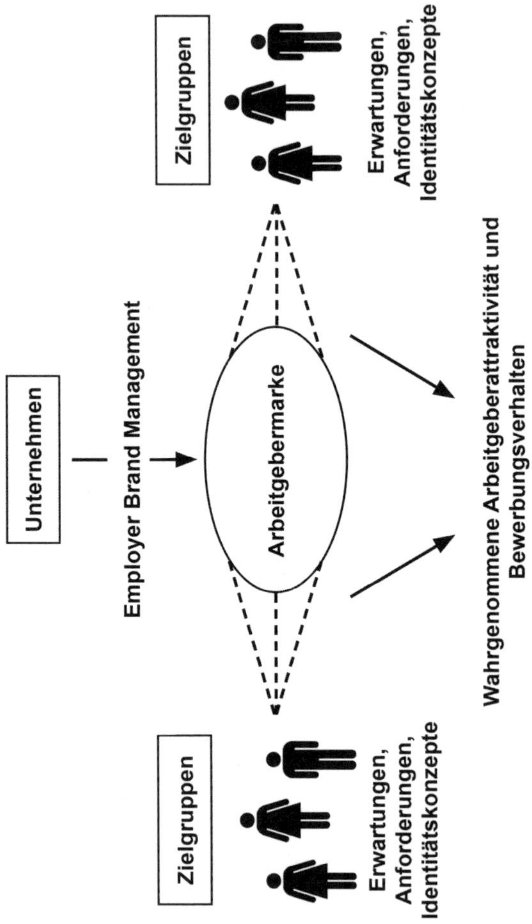

Abb 5: Beziehung zwischen Unternehmen, Arbeitgebermarke und Zielgruppen (basierend auf: Walter und Kremmel 2016, S. 7)

nehmenswerte aufgebaut und gesteuert. Im Idealfall sind die Unternehmenswerte bereits in den Markenidentitäten des Corporate-Identity-Konzeptes dokumentiert und außerdem in der Personalstrategie des Unternehmens festgelegt.

Weitere Funktionen

Weitere Funktionen des Employer Branding wurden von Esch et al. (2014) definiert. Diese sollen abschließend genannt werden, da sie weitere wichtige Aspekte rund um das Thema Employer Branding in den Blick rücken:

- Arbeitgeberattraktivität: Dabei geht es um den Aufbau einer einzigartigen Arbeitgebermarke mit charakteristischem Profil zur Steigerung der Bekanntheit und zur Schaffung eines positiven Images.
- Zielgruppengenauigkeit: Diese ist wichtig, um die richtigen Beschäftigten zu finden, ohne massenhaft Bewerbungen zu generieren.
- Effizienz durch geringere Recruiting- und Trainingsinvestments: Der Suchvorgang wird erheblich erleichtert durch eine hohe Arbeitgeberattraktivität sowie durch Weiterempfehlungen von Bewerberinnen und Bewerbern und eigenen Mitarbeiterinnen und Mitarbeitern.
- Effektivität durch motivierte und länger verweilende Mitarbeiterinnen und Mitarbeiter: Zufriedene Beschäftigte bleiben einem Unternehmen länger erhalten.

Im nächsten Kapitel wird das Employer Brand Management erklärt, das nach Walter und Kremmel die Aufgabe hat, die Bekanntheit der Organisation als Arbeitgeber bei allen relevanten Zielgruppen zu steigern und ein gewünschtes Arbeitgeberimage zu etablieren. Nach den Autoren ergibt sich die endgültige Wirkung der Arbeitgebermarke aus einer Melange zwischen Arbeitgebermarke und den Anforderungen, Identitätskonzepten und Erwartungen der jeweiligen Zielgruppe.

30 *Employer Branding hat die Funktion, eine attraktive Arbeitgebermarke aufzubauen, mit dem Ziel, die richtigen Mitarbeiterinnen und Mitarbeiter zu finden und zu binden.*

2.3 Employer Brand Management

Nach der Definition der Deutschen Gesellschaft für Personalführung (2012) ist Employer Branding ein Prozess, der sich mit der strategischen Gestaltung und operativen Umsetzung in Bezug auf gezielte Maßnahmen und Instrumente der Arbeitgebermarke beschäftigt.

Auch Walter und Kremmel (2016) betrachten Employer Branding als Prozess. Sie haben daher den Ablauf des Employer Branding als Employer-Brand-Management-Prozess beschrieben. Dieser läuft mehr-

stufig ab und hat als übergeordnetes Ziel, die Funktionen der Arbeitgebermarke, insbesondere ihre Rekrutierungsfunktion, zu realisieren.
In Abbildung 6 auf der folgenden Seite wird dieser Prozess schematisch in Form eines Ablaufdiagramms dargestellt. Dabei wird sichtbar, dass er sich an den klassischen Managementprozess mit den typischen vier Phasen Analyse, Strategie, Umsetzung und Evaluation anlehnt.
Der Prozess ist eingeteilt in die strategische und in die operative Phase, wobei die Bereiche „Analyse" und „Strategie" der strategischen Phase und die Bereiche „Arbeitgebermarke kommunizieren" und „Employer Brand Controlling" der operativen Phase zugeordnet sind.
In der Praxis hat sich gezeigt, dass meistens in zwei wesentliche Phasen im Employer-Brand-Management-Prozess unterschieden wird:

1. Zunächst wird die Arbeitgebermarke positioniert (Analyse- und Strategie-Phase).
2. Anschließend wird sie an den relevanten Kontaktpunkten kommuniziert (Konzeptions- und Umsetzungs-Phase).

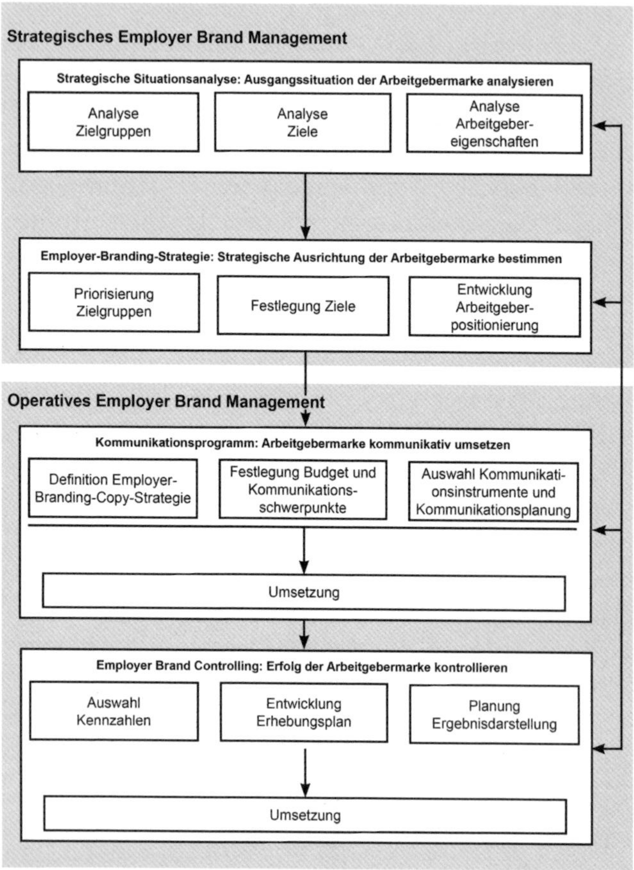

Abb. 6: Der Employer-Brand-Management-Prozess und seine Bestandteile (basierend auf: Walter und Kremmel 2016, S. 9)

Der Begriff Employer Branding wird unterschiedlich definiert. Allen Definitionen gemein ist jedoch, dass sie Employer Branding als den Aufbau und die Pflege einer starken Arbeitgebermarke verstehen. Die damit verbundenen Ziele lassen sich zusammenfassen als das Finden und Binden der richtigen Mitarbeiterinnen und Mitarbeiter. 30

Nach Walter und Kremmel lässt sich Employer Branding auch als Managementprozess beschreiben. Dieser umfasst folgende Schritte:

- *strategische Analyse der Situation (Analyse)*
- *Bestimmung der strategischen Ausrichtung der Arbeitgebermarke (Strategie)*
- *kommunikative Umsetzung der Arbeitgebermarke (Umsetzung)*
- *Kontrolle des Erfolgs der Arbeitgebermarke (Evaluation)*

30 MINUTEN

Was verbirgt sich hinter dem Begriff Employer Value Proposition?

Seite 36

Wie erarbeitet man eine Employer Value Proposition?

Seite 38

Was gehört zu einem Kommunikationsprogramm?

Seite 61

3. Arbeitgebermarke definieren

In diesem Kapitel geht es darum, die Arbeitgebermarke systematisch zu definieren. Auf Basis einer umfassenden Situationsanalyse (Unternehmen, Marke, Wettbewerb und Zielgruppen) wird die Arbeitgebermarke positioniert. Dazu ist die Formulierung der Employer Value Proposition (EVP) entscheidend: Was ist das zentrale Versprechen des Unternehmens als Arbeitgeber an potenzielle und bestehende Beschäftigte?

3.1 Begriff der Employer Value Proposition

Eine Arbeitgebermarke zu definieren, setzt voraus, dass man sich intensiv mit dem Unternehmen, seiner Kultur, den Wettbewerbern und Zielgruppen auseinandersetzt. Es geht um die Frage, wofür ein Unternehmen als Arbeitgeber stehen soll.
Ein Unternehmen positioniert sich als Arbeitgeber auf dem Arbeitsmarkt und wird dadurch zur unverwechselbaren Marke. Ein Blick auf die Auseinandersetzung mit dem Begriff der Arbeitgeberpositionierung in der einschlägigen Fachliteratur soll aufzeigen, was dabei besonders wichtig ist.

Wesentliche Eigenschaften als Arbeitgeber

Nach Walter und Kremmel (2016) legt die Arbeitgeberpositionierung fest, für welche Arbeitgebereigenschaften das Unternehmen bei seinen Zielgruppen im Verhältnis zum Wettbewerb stehen soll. Unter Value Proposition wird hier das Wert- bzw. Nutzenversprechen an die Zielgruppe der Marke verstanden, das konkrete funktional-instrumentelle als auch symbolisch-emotionale Nutzenaspekte umfasst (Aaker 1996) und durch spezifische Markeneigenschaften als Begründung („Reason Why") gestützt wird. Das bedeutet, dass es der Arbeitgebermarke gelingen muss, den Interessenten zu vermitteln, warum sie genau bei diesem Unternehmen und nicht beim Konkurrenten arbeiten wollen.

Auch andere Autoren verstehen unter einer EVP das zentrale Set an Arbeitgebereigenschaften, mit dem die Arbeitgebermarke am Arbeitsmarkt positioniert wird (Esch et al. 2014; Tomczak et al. 2011). Dabei beinhaltet die EVP wenige wesensprägende Arbeitgebereigenschaften, die an alle Zielgruppen kommuniziert werden (Tomczak et al. 2011). Für Walter und Kremmel (2016) ist es üblich, diese Arbeitgebereigenschaften in Form von einem oder mehreren Positionierungsstatements bzw. eines Arbeitgeberslogans zu verdichten.

Von der EVP zum Arbeitgeberimage

Trost (2012) spricht im Zusammenhang mit der Arbeitgebermarke von Employer Value Proposition (EVP). Diese bildet den Kern der Arbeitgebermarke und ist damit das Versprechen des Arbeitgebers an potenzielle Bewerberinnen und Bewerber und bestehende Beschäftigte. Für den Autor ist die EVP hinsichtlich ihrer Bedeutung und Wichtigkeit mit der Unique Selling Proposition (USP), also dem Alleinstellungsmerkmal im Produktmarketing, vergleichbar.

Bei der Formulierung einer EVP werden die zentralen Aspekte der Employer Brand für die relevanten Zielgruppen auf den Punkt gebracht, um die wesentlichen, vorzugsweise alleinstellenden Eigenschaften eines Unternehmens als Arbeitgeber wirkungsvoll zu transportieren (Esch et al. 2014).

Nach Walter und Kremmel (2016) stellt die EVP die inhaltliche Positionierung der Marke dar und definiert, wofür das Unternehmen als Arbeitgeber stehen soll. Gelingt die Umsetzung der Positionierung mittels Kommunikation und konsistentem Mitarbeiterverhalten, bildet sich das intendierte Arbeitgeberimage in den Köpfen von potenziellen und aktuellen Beschäftigten.

Bei der Arbeitgeberpositionierung geht es darum, die Eigenschaften eines Unternehmens als Arbeitgeber festzulegen, die eine hohe Attraktivität für die Zielgruppe besitzen und eine Differenzierung zum Wettbewerb ermöglichen. So wird die Employer Value Proposition herausgearbeitet – das zentrale Versprechen an bestehende und potenzielle Beschäftigte.

3.2 Erarbeitung der Employer Value Proposition

Die Entwicklung der Employer Value Proposition (EVP) sowie der Kommunikationsstrategie (Ziele, Zielgruppen, Botschaften, Tonalität und Kanäle) erfolgt auf Basis einer umfassenden Situationsanalyse. In dieser Situationsanalyse wird die Ausgangssituation mit relevanten Entscheidungsparametern ermittelt. Hierzu gehören

- das Unternehmen,
- die Zielgruppe,
- der Wettbewerb
- und die Unternehmensmarke.

Eine intensive Auseinandersetzung mit diesen Parametern ist nötig, um die inhaltlichen Anforderungen an die Employer Value Proposition (EVP) erfüllen zu können.

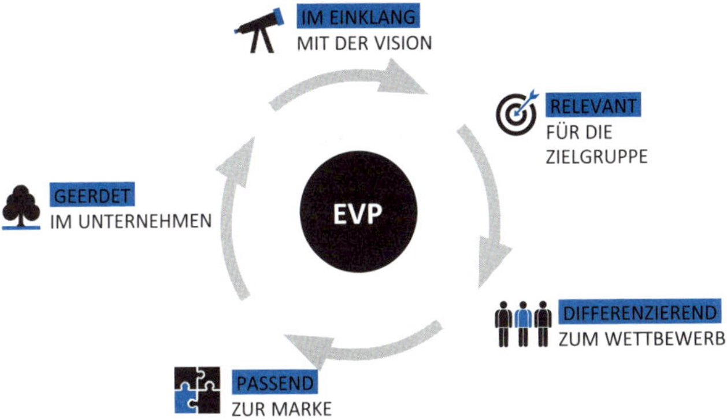

Abb. 7: Inhaltliche Anforderungen an die Employer Value Proposition (EVP) ©Scholz & Friends

Dabei sind nicht alle Anforderungen als gleich wichtig anzusehen. Viele Arbeitgebermarken versprechen das Gleiche, weil sie sich bei der Erarbeitung der Positionierung vor allem an den Anforderungen der Zielgruppe orientieren, die in gängigen Studien genannt werden.
Wer aus der Masse herausstechen möchte, muss sich auf die eigenen Stärken und die eigene Kultur berufen. In fast jedem Unternehmen steckt etwas Einzigartiges, das im Markt differenziert und eine hohe Attraktivität für die Zielgruppe besitzt. Dieser Fakt sollte das Zentrum der Positionierung bilden.

1. Anforderung: Geerdet im Unternehmen

Zunächst einmal ist es wichtig, sicherzustellen, dass die EVP im Unternehmen „geerdet" ist, also zum tatsächlichen Erleben der Mitarbeiterinnen und Mitarbeiter passt.

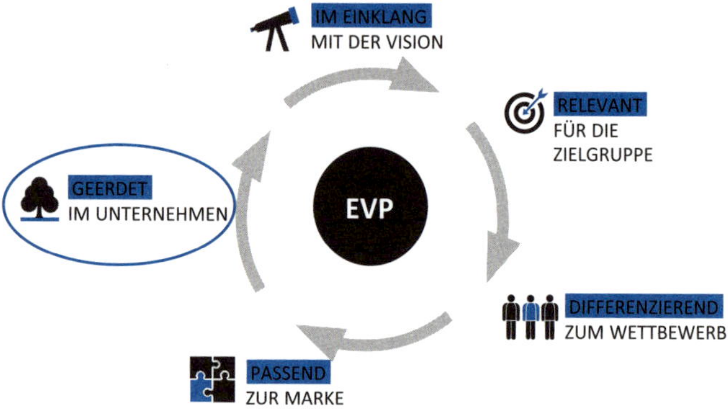

Abb. 8: Erste inhaltliche Anforderung an die Employer Value Proposition (EVP) ©Scholz & Friends

In dieser Phase geht es darum, festzustellen, was Beschäftigte als charakteristische Merkmale der Marke sehen und welche Werte im Unternehmen gelebt werden. Für Esch et al. (2014) ist dieser Schritt besonders wichtig, weil man so vermeiden kann, dass die Arbeitgebermarke zu stark von der aktuellen Wirklichkeit im Unternehmen abweicht. Dies ist notwendig, damit die Aussagen von den Zielgruppen als glaubwürdig empfunden werden. Denn: Aussagen, die nicht mehr mit der

Realität übereinstimmen, generieren Erwartungen, deren Nichterfüllung zu Unzufriedenheit und einer entsprechend kurzen Verweildauer im Unternehmen führt.

Glaubwürdigkeit und Authentizität sind entscheidend bei der EVP-Entwicklung.

Für Kriegler (2014) ist der mit Abstand wichtigste Teil der Employer-Brand-Analyse die Bestandsaufnahme all jener Faktoren, Merkmale und Haltungen, die das Erleben des Arbeitgebers seitens der Beschäftigten und Führungskräfte am meisten prägt. Hierbei handelt es sich um

- Kulturfaktoren,
- Identitätsmerkmale und
- Werthaltungen des Unternehmens.

Somit machen eher weiche Faktoren den Unterschied. Nach Kriegler positionieren sich erfolgreiche Arbeitgebermarken immer über emotionale Benefits des Arbeitgebers, denn nur die Unternehmenskultur macht einen Arbeitgeber einzigartig.
Es geht deshalb darum, festzustellen, was Beschäftigte als charakteristische Merkmale des Unternehmens als Arbeitgeber sehen und welche Werte im Unternehmen gelebt werden. Die Bestandsaufnahme all jener Faktoren, Merkmale und Haltungen, die das Erleben des Arbeitgebers seitens der Mitarbeiterinnen und Mitarbei-

ter am meisten prägen, stellt den wichtigsten Teil der Situationsanalyse dar.
Große Abweichungen der Employer Brand von der aktuellen Wirklichkeit im Unternehmen gilt es zu vermeiden, da nicht erfüllte Erwartungen zu Unzufriedenheit und einer entsprechend kurzen Verweildauer im Unternehmen führen. Die Glaubwürdigkeit der Aussagen ist essenziell!
In der Praxis hat sich folgende Vorgehensweise bewährt:

1. Desktop Research
Üblicherweise wird mit Desktop Research gestartet, um ein erstes Gefühl für das Unternehmen, seine Stärken und prägenden Kulturmerkmale zu bekommen. Es werden alle vorhandenen Dokumente (z. B. Unternehmensvision, Leitbild, Karrierewebsite, Arbeitgeberbroschüren, Stellen- und Imageanzeigen, Studien) gesichtet und verdichtet. Außerdem werden zusätzliche Informationen (z. B. kununu-Bewertungen, Medienberichte, Rankings) recherchiert und analysiert.

2. Quantitative Forschung
Es folgt die Primäranalyse anhand einer quantitativen Forschung. Um die wesentlichen Stärken eines Unternehmens als Arbeitgeber relativ schnell und effektiv zu eruieren, bietet sich z. B. der Arbeitgeber-Stärkenkompass (www.staerkenkompass.de) an. Dabei handelt es sich um ein digitales Feedback-Tool, bei dem die Beschäftigten selbst definieren, was ihren Arbeitgeber

auszeichnet. Es beinhaltet einen sehr umfangreichen Pool von möglichen Stärken aus den Bereichen Leistungen, Unternehmen, Beschäftigte und Kultur, die aus verschiedenen theoretischen und praktischen Quellen ermittelt wurden und für jedes Unternehmen individualisiert werden können. Im Vergleich zu anderen Marktforschungsprozessen ist der Arbeitgeber-Stärkenkompass sehr schnell umsetzbar. Aufgrund des großen Pools an Merkmalen bietet er trotzdem ein einzigartiges und glaubhaftes Ergebnis für jedes Unternehmen. Beschäftigte müssen dazu ihr Feedback geben, was etwa zehn Minuten dauert. Nachdem alle ausgewählten Mitarbeiter am Stärkenkompass teilgenommen haben, ist das Ergebnis sofort in Form einer Tag-Cloud verfügbar.

3. Qualitative Forschung

Die Ergebnisse des Arbeitgeber-Stärkenkompasses können im nächsten Schritt durch qualitative Forschung in Form von Beschäftigteninterviews vertieft werden. Dabei bietet es sich an, Repräsentanten aus möglichst vielen Bereichen des Unternehmens zu befragen. Die zehn bis 20 Leitfaden-Interviews dauern jeweils ca. eine Stunde. Es geht darum, möglichst tief gehende Erkenntnisse über das Unternehmen, die Stärken und die Kultur zu gewinnen.

2. Anforderung: Im Einklang mit der Vision

Die Arbeitgebermarke sollte aber nicht nur die aktuelle Wirklichkeit des Unternehmens widerspiegeln, sondern auch auf die Zukunft des Unternehmens Bezug nehmen. Sie sollte also im Einklang stehen mit der Vision, der sich das Unternehmen verschrieben hat.

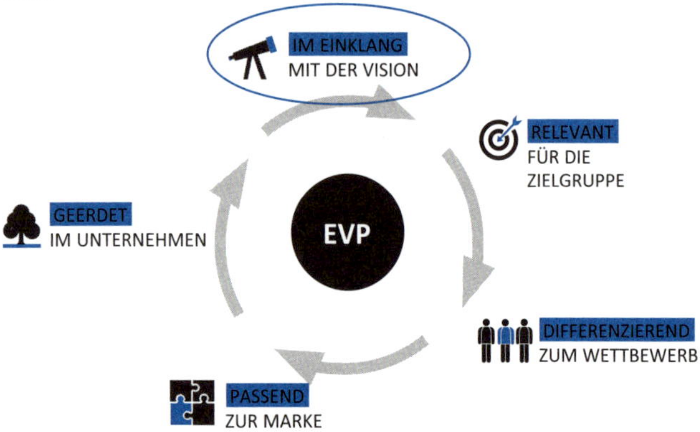

Abb. 9: Zweite inhaltliche Anforderung an die Employer Value Proposition (EVP) ©Scholz & Friends

Ein ganz entscheidender Baustein der Analyse ist daher die Erhebung der Soll-Perspektive. Was das Unternehmen als Arbeitgeber heute auszeichnet (Ist-Analyse), wurde im ersten Analyse-Schritt eruiert. Im zweiten Schritt gilt es herauszufinden, wo das Unternehmen hinmöchte (Soll-Analyse), wie sich das Unternehmen und seine Kultur verändern werden und wen es für dieses Vorhaben benötigt. Hierbei schafft die EVP idealerweise die Brücke zwischen Ist- und Soll-Zustand.

Analyse des Soll-Zustands des Unternehmens

Folgende Fragen helfen dabei, den Soll-Zustand des Unternehmens zu ermitteln:

- Wo möchte das Unternehmen hin?
- Wie werden sich das Unternehmen und seine Kultur verändern?
- Wen braucht es für dieses Vorhaben?

Wie wird das gemacht?

Desktop Research und Top-Management-Interviews sind hier das Mittel der Wahl:

1. Desktop Research: Auch die Soll-Analyse beginnt mit der Sichtung und Verdichtung vorhandener Materialien, z. B. Strategie-Präsentationen, Pressemitteilungen und Geschäftsbericht.
2. Top-Management-Interviews: Im zweiten Schritt bieten sich Einzelinterviews mit dem Top-Management an. Themen: Vision und Strategie des Unternehmens, Implikationen für das Arbeitsumfeld und die Mitarbeiter.

3. Anforderung: Relevant für die Zielgruppe

In der nächsten Phase beim Entwickeln der Arbeitgebermarke wird die Zielgruppe in den Blick genommen. Die EVP sollte so gestaltet sein, dass sie die Zielgruppe wirklich erreicht und anspricht.

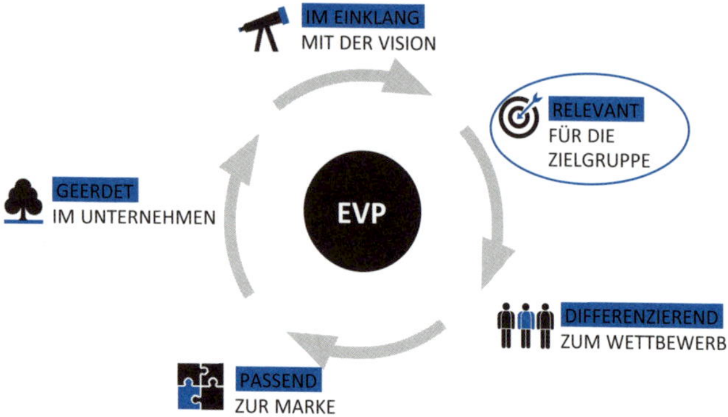

Abb. 10: Dritte inhaltliche Anforderung an die Employer Value Proposition (EVP) ©Scholz & Friends

Durch die Analyse der Zielgruppen gelingt es, die EVP für die Zielgruppen relevant zu formulieren. Nach Walter und Kremmel (2016) wird hierbei analysiert, welche Arbeitsmarktsegmente das Unternehmen anspricht und wie bedeutsam diese Segmente für das Unternehmen jeweils sind.

Hierbei ist es wichtig, zu bedenken, dass die Zielgruppen nicht frei bestimmt werden können. Sie werden durch den aktuellen und zukünftigen Personalbedarf vorgegeben.

Anschließend werden die Zielgruppen priorisiert:

- nach Quantität: Wer macht den großen Anteil aus?
- nach Qualität: Für wen besteht heute oder in Zukunft ein großer Bedarf?
- nach Rekrutierungserfolg: Ist dieser niedrig oder hoch?

- nach Bedeutung der Zielgruppe: Ist diese niedrig oder hoch?

Die höchste Priorität hat die Zielgruppe mit hoher Bedeutung und niedrigem Rekrutierungserfolg.

Anschließend können die Zielgruppen als Personas dargestellt werden. Hierbei handelt es sich um idealtypische Profile von potenziellen Kandidatinnen und Kandidaten.
Dabei geht es nicht immer um die High Potentials, sondern um die Right Potentials, wie auch Esch et al. (2014) betonen. Beschäftigte müssen nicht nur die richtigen Fähigkeiten (Können), sondern auch den entsprechenden „Fit" zur Marke (Wollen) aufweisen. Hierbei kommt der Analyse der Wünsche, Bedürfnisse und differenzierten Anforderungen (rationale und emotionale Kriterien) der Zielgruppen eine hohe Bedeutung zu. Informationen hierzu können Studien entnommen werden, die einen Überblick über allgemeine Bedürfnisse liefern (Trendence, Universum etc.).

Analyse der relevanten Zielgruppen

Die Analyse der relevanten Zielgruppen, beispielsweise im Hinblick auf Berufserfahrung, Funktionsbereich, Fach- und Studienrichtung, Abschluss, orientiert sich an folgenden Fragen:

- Wer sind die Right Potentials für die aktuelle Situation des Unternehmens?

- Welche Wünsche, Bedürfnisse und Anforderungen haben sie an den potenziellen Arbeitgeber?

Wie wird das gemacht?
Die Zielgruppenanalyse umfasst mehrere Schritte. Am Ende steht eine genaue und anschauliche Beschreitung der Zielgruppe.

1. Bestimmen der Zielgruppe:

Zunächst wird eine Befragung der Personalleitung durchgeführt, um die Zielgruppe zu bestimmen. Dabei werden folgende Fragen gestellt:

- Wer ist die primäre Zielgruppe der Employer Brand?
- Sind es potenzielle *und* bestehende Mitarbeiterinnen und Mitarbeiter?
- Welche Mitarbeiterinnen und Mitarbeiter sind besonders wichtig für das Unternehmen?
- Welche Mitarbeiterinnen und Mitarbeiter sind besonders schwer zu rekrutieren (offene Stellen)?

Berufsfelder / Hierarchieebenen	Verwaltung	...	Vertrieb
Geschäftsführung			
...			
Auszubildende			

Abb. 11: Definition der Zielgruppen ©Scholz & Friends

Die Matrix auf der vorherigen Seite kann dabei helfen, die zentrale Zielgruppe zu definieren, indem sowohl die Anzahl als auch die Bedeutung der einzelnen Teilzielgruppen offengelegt werden.

2. Begreifen der Zielgruppe:

Nachdem die Zielgruppen definiert wurden, gilt es nun herauszufinden, wer diese Menschen sind, was ihnen wichtig ist und wo man sie am besten erreichen kann. Es gilt, ihre Anforderungen, Bedürfnisse/Wünsche, Mediennutzung etc. zu eruieren. Dafür bieten sich bestehende Zielgruppenstudien wie Trendence oder Universum sowie Interviews und/oder Fokusgruppen mit Zielgruppenvertretern an.

3. Beschreiben der Zielgruppe:

Heute werden Zielgruppen üblicherweise mit sogenannten Personas beschrieben. Ähnlich eines klassischen Steckbriefes werden prototypische Zielgruppenvertreterinnen und -vertreter detailliert dargestellt und so zum Leben erweckt. In der Persona werden neben demografischen Daten (Alter, Ausbildung, Wohnort etc.) auch die Anforderungen, Bedürfnisse/Wünsche, Pain Points/Probleme und die Mediennutzung der exemplarischen Zielgruppenvertretungen beschrieben.
Auf der folgenden Seite sehen Sie ein Beispiel für eine solche Persona: Es wird ein prototypischer Vertreter der sogenannten Generation Z anhand von demografi-

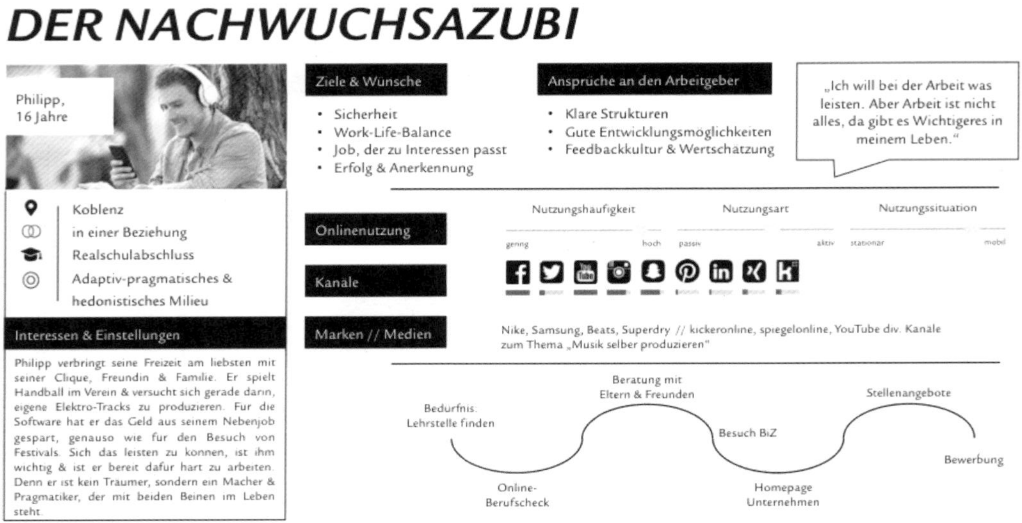

Abb. 12: Beispiel für eine Persona ©Scholz & Friends

schen Kriterien, Einstellungen, Interessen, Werten, Zielen und seiner Mediennutzung dargestellt. Aus einer anonymen Zielgruppenbeschreibung wird ein konkreter Mensch, auf den man die Employer Brand ausrichten kann.

4. Anforderung: Differenzierend zum Wettbewerb

Wie bereits erwähnt, ist es auch beim Employer Branding sehr wichtig, Alleinstellungsmerkmale herauszuarbeiten, durch die sich ein Unternehmen als Arbeitgeber von seinen Wettbewerbern unterscheidet.

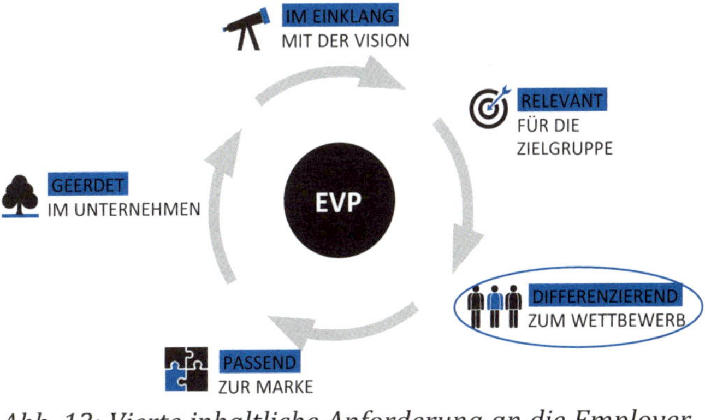

Abb. 13: Vierte inhaltliche Anforderung an die Employer Value Proposition (EVP) ©Scholz & Friends

Auch nach Esch et al. (2014) ist die Abgrenzung der EVP vom Wettbewerb unerlässlich, um eine eigenständige Arbeitgebermarke zu etablieren. Aus diesem

Grund ist eine Wettbewerbsanalyse wichtig. Nur das Unternehmen, das die Maßnahmen und Stoßrichtungen der Konkurrenz kennt, kann vermeiden, dass seine Arbeitgebermarke austauschbar wird.
Esch et al. schlagen sowohl eine Analyse des engen Branchenwettbewerbs mit den zentralen Konkurrenzunternehmen als auch eine erweiterte Perspektive mit Best-Practice-Beispielen anderer Branchen vor.

Analyse des Wettbewerbs
An folgenden Fragen kann sich die Analyse des Wettbewerbs orientieren:
- Wer sind unsere zentralen Wettbewerber im Arbeitsmarkt?
- Was bieten diese und wie positionieren sie ihre Arbeitgebermarke?

Wie wird das gemacht?
Im Einzelnen umfasst die Wettbewerbsanalyse folgende Schritte:

1. Auswahl der Wettbewerber:
Die Wettbewerber, die bei der Analyse berücksichtigt werden sollten, werden durch eine Befragung der Personalleitung sowie potenzieller und bestehender Mitarbeiterinnen und Mitarbeiter ermittelt.
Laut Kriegler (2014) sind theoretisch alle Branchen von Interesse, die die Zielgruppe, die erreicht werden soll, ebenfalls umwerben. Es gilt herauszufinden,

- bei welchen Arbeitgebern sich die passenden Kandidatinnen und Kandidaten heute besonders häufig bewerben,
- wohin die bestehenden Mitarbeiterinnen und Mitarbeiter v. a. abwandern,
- welche Arbeitgeber in der Nähe ähnliche Funktionen suchen und
- welche ein besonders gutes Arbeitgeberimage haben und „First Choice" sind (Kriegler, S. 105f.).

2. Recherche Kommunikation:

Es hat sich in der Praxis bewährt, für jeden Wettbewerber eine „Markenwelt" anzufertigen. So bezeichnet man den Steckbrief einer Marke inkl. Positionierung, Branding und Markenkommunikation. Die entsprechenden Kommunikationsmittel findet man zum Beispiel bei www.ebiquity.com, einer Datenbank für Kommunikation, wo diverse Werbemittel der meisten Marken zum Download bereitstehen.

Ein Beispiel für eine Markenwelt ist auf der nächsten Seite abgebildet. Es handelt sich dabei um den Auftritt der neuen Arbeitgebermarke von innogy. Diese verspricht #Pioniergeist über alle Kontaktpunkte hinweg.

3. Analyse der Kommunikation:

Im letzten Schritt werden die Auftritte der Wettbewerber analysiert: sowohl *was* die Arbeitgebermarke kommuniziert (Botschaften, Themen) als auch *wie* sie die Inhalte transportiert (Markenpersönlichkeit, Tonalität).

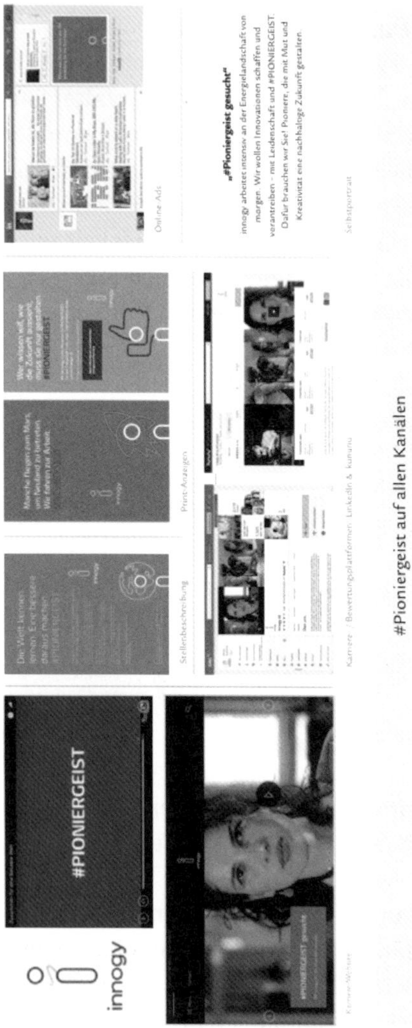

Abb. 14: Beispiel für eine Markenwelt ©Scholz & Friends

5. Anforderung: Passend zur Marke

Natürlich muss die EVP auch zur Unternehmensmarke passen. Aus diesem Grund muss sie nach Walter und Kremmel (2016) im Einklang mit den übergeordneten Ziel-Ebenen vor allem der Unternehmens-(Marken-) Werte entwickelt werden. Denn wenn die EVP nicht zu den übergeordneten Werten passend entwickelt wird, besteht die Gefahr, dass es zu einer inkonsistenten Zielgruppenwahrnehmung kommt, was den Aufbau eines klaren Images erschwert.

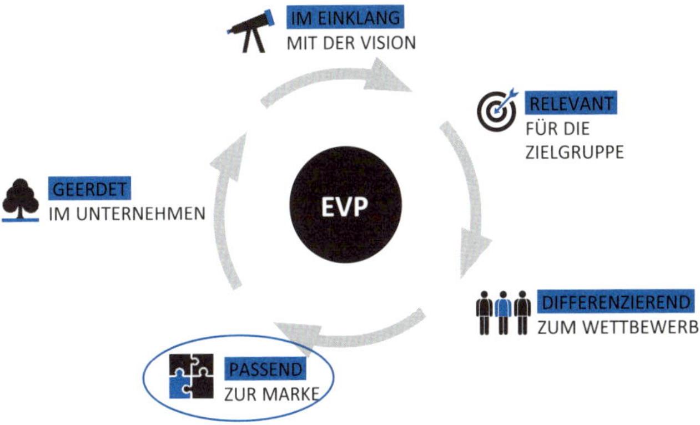

Abb. 15: Fünfte inhaltliche Anforderung an die Employer Value Proposition (EVP) ©Scholz & Friends

Nach Collins und Kanar (2014) ist davon auszugehen, dass es zu Übertragungseffekten von einem Markt zum anderen kommen wird. Aus diesem Grund legen die Autoren darauf Wert, das Employer Branding und das

Customer Branding im Sinne der integrierten Markenführung aufeinander abzustimmen, wenn sie sich auf die gleiche Marke beziehen.

Um widersprüchliche Botschaften zu vermeiden und einen harmonischen Gesamteindruck zu unterstützen, sollte die Arbeitgebermarke unter Berücksichtigung der Kundenmarke aufgebaut und gepflegt werden.

Wie Esch et al. betonen, entsteht eine Arbeitgebermarke in aller Regel nicht aus dem Nichts. Aus diesem Grund muss sie sich an der Identität der Unternehmensmarke orientieren, denn eine Marke ist nicht teilbar. Auch wenn sich der Hintergrund für die Interaktion mit einer Marke verändert (Kunden → Interessierte → Beschäftigte), müssen die wesensprägenden Merkmale einer Marke weiterhin konsistent und in sich stimmig sein.

Analyse der Unternehmensmarke

Bei der Analyse der Unternehmensmarke stehen folgende Fragen im Zentrum:

- Wie ist die Unternehmensmarke positioniert?
- Welche Implikationen ergeben sich daraus für die Arbeitgebermarke?

Wie wird das gemacht?

Desktop Research und eine Befragung der Marken- bzw. Marketingverantwortlichen sind die Methoden, die in diesem Schritt zum Einsatz kommen.

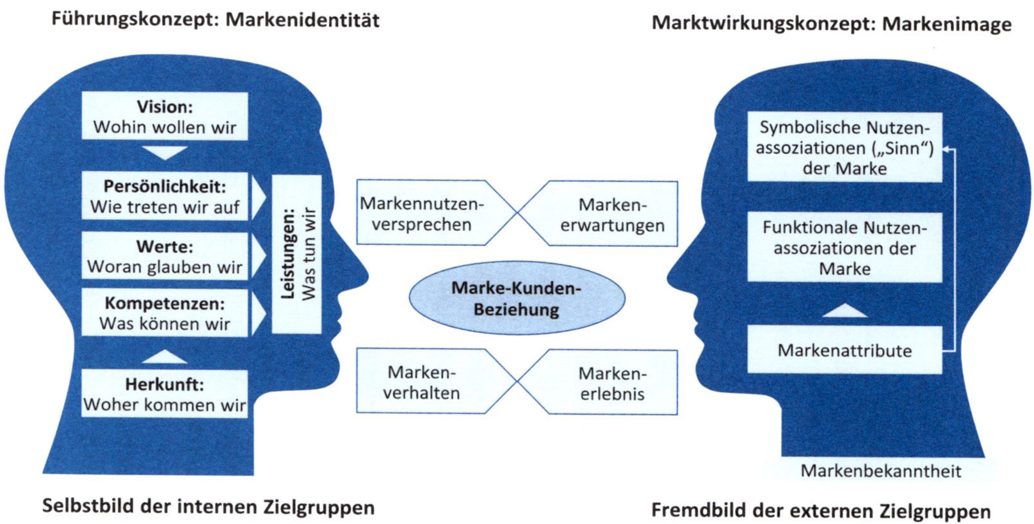

Abb. 16: Das Konzept der identitätsorientierten Markenführung nach Meffert (Quelle: in Anlehnung an Meffert/Burmann, 2005a: 52)

Die meisten Unternehmen führen ihre Marken identitätsorientiert, d. h., die Markenidentität (Selbstbild) wird im Unternehmen definiert und durch Kommunikation und Verhalten der Mitarbeiter vermittelt, sodass bei den externen Zielgruppen ein bestimmtes Markenimage (Fremdbild) entsteht. Dies kommt auch im Konzept der identitätsorientierten Markenführung nach Meffert zum Ausdruck.

Im Rahmen der Markenanalyse werden daher folgende Aspekte analysiert:

- das Selbstbild, welches sich meistens in einem Markenmodell wiederfindet,
- die Kommunikationsmaßnahmen und
- das Fremdbild der Marke.

Formale Anforderungen an die EVP

Nachdem alle Analysefelder systematisch durchlaufen wurden, kann aus den gesammelten Ergebnissen die Arbeitgeberpositionierung abgeleitet werden.

Neben den fünf inhaltlichen Anforderungen ...

1. Geerdet im Unternehmen
2. Im Einklang mit der Vision
3. Relevant für die Zielgruppe
4. Differenzierend zum Wettbewerb
5. Passend zur Marke

... gibt es noch drei zentrale formale Anforderungen:

1. *Eine* Botschaft und nicht viele!
Die EVP sollte sich auf ein zentrales Versprechen fokussieren. Das bündelt die Kräfte und erhöht die Chance, wahrgenommen zu werden. Wenn man jemandem fünf Bälle zuwirft, dann fängt er keinen. Wenn man ihm einen zuwirft, schon.

2. Klar und unmissverständlich!
Achten Sie darauf, die EVP kurz und prägnant zu formulieren. Es sollte sofort klar werden, worauf es ankommt. Die Formulierung darf nicht zu Missverständnissen führen.

3. Inspirierend und motivierend!
Die EVP sollte positiv formuliert sein und auf die Zielgruppe inspirierend und motivierend wirken.

Arbeitgeberpositionierung in der Praxis

In der Praxis wird die Arbeitgeberpositionierung bzw. die Employer Value Proposition (EVP) meist in Form eines rationalen oder emotionalen Nutzenversprechens des Unternehmens als Arbeitgeber an bestehende und potenzielle Beschäftigte formuliert. Das klingt dann zum Beispiel so: „Bei uns kannst du Großes bewegen!"
Als Alternative zum klassischen Nutzenversprechen kann auch ein Wert (z. B. Gestaltungsfreiheit), eine Haltung (z. B. „Wir glauben, Diversität ist der Schlüssel zum Erfolg") oder eine Mission (z. B. „Wir sorgen für null Emissionen auf deutschen Straßen") kommuni-

ziert werden, wenn mit ihm eine hohe Attraktivität für die Zielgruppe und eine Differenzierung zum Wettbewerb verbunden sind.

Ableitung spezifischer Botschaften

Ist es gelungen, eine passende und griffige EVP zu formulieren, werden im nächsten Schritt auf ihrer Basis spezifische Botschaften abgeleitet:

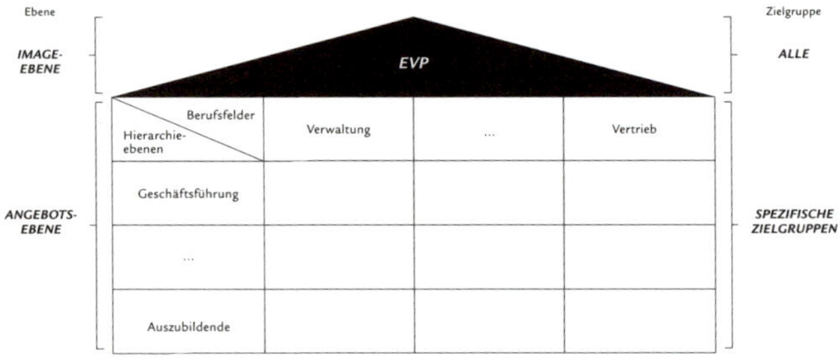

Abb. 17: Ableitung spezifischer Botschaften für spezifische Zielgruppen ©Scholz & Friends

30 *Die Entwicklung der Employer Value Proposition (EVP) erfolgt auf Basis einer umfassenden Analyse von Unternehmen, Zielgruppe, Wettbewerb und Unternehmensmarke. Zentrum der Positionierung bilden die Stärken und Kulturmerkmale des Unternehmens, welche im Markt differenzieren und aus Sicht der Zielgruppe attraktiv sind.*

3.3 Festlegung des Kommunikationsprogramms

Die Employer Value Proposition wurde nun herausgearbeitet und klar, eindeutig und motivierend formuliert. Nun gilt es, diese Botschaft auch zu kommunizieren. Voraussetzung dafür ist ein Kommunikationsprogramm. Die Entwicklung eines zielgerichteten Kommunikationsprogramms, um die erarbeitete Arbeitgebermarke kommunikativ umzusetzen, stellt für Walter und Kremmel (2016) den ersten Teil des operativen Employer Brand Managements dar.

Employer-Branding-Copy-Strategie

Hierfür wird als Erstes die Definition einer Employer-Branding-Copy-Strategie ausgearbeitet. Diese soll sicherstellen, dass in der kreativen Gestaltung der Kommunikationsinstrumente die Arbeitgeberpositionierung bestmöglich umgesetzt wird.
Sie definiert die Argumentations- und Gestaltungsrichtlinie des Kommunikationsprogramms und bildet die Grundlage für das Briefing der Agentur, die anschließend für die kreative Umsetzung zuständig ist.

Was umfasst die Copy-Strategie?
Die Employer-Branding-Copy-Strategie beinhaltet folgende Elemente: Ziele, Zielgruppen, EVP, Reason Why, Tonalität, Budget, Timing, zu nutzende Kanäle.

Budget und Kommunikationsschwerpunkte

Die nächsten wichtigen Punkte, die es zu beachten gilt, sind die Festlegung des Budgets und die Auswahl der Kommunikationsschwerpunkte.

Nach Walter und Kremmel gibt es für die Vergabe des Budgets zwei Möglichkeiten: Entweder es wird als absolute Größe vorgegeben, die in Abhängigkeit von Parametern wie z. B. Umsatz/Gewinn, finanzieller Spielraum, durchschnittliche Branchenausgaben oder Vorjahresbudget ermittelt wird, oder es wird auf Basis der notwendigen Kommunikationsaktivitäten zur Zielerreichung zugeteilt.

Wird Letzteres gewählt, dann werden die damit verbundenen Ausgaben zum Werbebudget aufsummiert, wobei die finanziellen Mittel eine Nebenbedingung darstellen. In diesem Fall ist es besonders wichtig, klare Schwerpunkte bei der Kommunikation zu setzen. Die Kommunikationsschwerpunkte sollten bewusst ausgewählt und festgelegt werden.

Das Employer-Branding-Basisprogramm kann bei Bedarf zusätzlich durch spezifische Employer-Branding-Kampagnen ergänzt werden.

Kommunikationsinstrumente und Kommunikationsplan

Als Nächstes wird die Auswahl konkreter Kommunikationsinstrumente vorgenommen und diese Auswahl in eine schriftliche Kommunikationsplanung überführt. Damit ist der erste Teil des operativen Employer Brand

Managements – die Festlegung des Kommunikationsprogramms – abgeschlossen.

Die Arbeitgeberpositionierung zielt darauf ab, sich durch eine unverwechselbare Arbeitgebermarke von den Wettbewerbern abzugrenzen. Dafür wird auch der Begriff Employer Value Proposition genutzt – es geht also um das Wert- bzw- Nutzenversprechen des Arbeitgebers an die Zielgruppe. 30

Damit eine Arbeitgebermarke die gewünschte Wirkung erzielen kann, gilt es, folgende Anforderungen zu erfüllen: Sie muss

- ***im Unternehmen geerdet sein,***
- ***im Einklang mit der Vision des Unternehmens ,***
- ***für die Zielgruppe relevant sein,***
- ***differenzierend zum Wettbewerb sein und***
- ***zur Unternehmensmarke passen.***

Nachdem die EVP klar formuliert wurde, kann ein Kommunikationsprogramm festgelegt werden. Dieser Schritt umfasst das Definieren einer Employer-Branding-Copy-Strategie, das Festlegen des Budgets und der Kommunikationsschwerpunkte und das Auswählen der Kommunikationsinstrumente sowie das Erstellen des Kommunikationsplans.

30 MINUTEN

Warum ist es wichtig, die Arbeitgebermarke zunächst intern zu implementieren?

Seite 66

Wie kann die Arbeitgebermarke an allen Kontaktpunkten zum Leben erweckt werden?

Seite 73

Warum sollte der Erfolg der Maßnahmen überprüft werden?

Seite 79

4. Arbeitgebermarke kommunizieren

Der nächste Bereich des Employer-Management-Prozesses ist die Umsetzung. Und genau um diesen entscheidenden letzten Schritt geht es in diesem Kapitel. Nachdem die Employer Value Proposition herausgearbeitet und formuliert wurde, muss diese sowohl an die Mitarbeiterinnen und Mitarbeiter als auch an potenzielle Bewerberinnen und Bewerber kommuniziert werden. Mit den richtigen Methoden, originellen Ideen und geeigneten Kommunikationsmitteln steht dem Erfolg der Arbeitgebermarke dann nichts mehr im Wege.

4.1 Implementierung der Arbeitgebermarke im Unternehmen

Auch wenn das Employer Branding meistens darauf abzielt, neue Mitarbeiterinnen und Mitarbeiter anzuwerben, sollte die Arbeitgebermarke zunächst intern implementiert werden. Mit der internen Implementierung ist die Verankerung der Arbeitgebermarke im Unternehmen gemeint. Erst danach ist es sinnvoll, sie auch nach außen zu kommunizieren.
Nach Esch et al. (2014) geht es in dieser Phase darum, die Beschäftigten durch Behavioral-Branding-Maßnahmen

- für die Marke zu begeistern,
- zu binden und
- ein markenorientiertes Verhalten zu bewirken.

Für Kriegler (2014) wachsen Arbeitgebermarken von innen nach außen, sie benötigen Substanz. Dabei gilt es, vier Arbeitsfelder zu bespielen:

1. Führung
2. Personalmanagement
3. interne Kommunikation
4. die Gestaltung der Arbeitswelt

Die Beschäftigten sollen möglichst häufig und homogen in Unternehmen und Organisationskultur spüren, dass die Inhalte der Arbeitgebermarke gelebt und ernst genommen werden.

Führungskräfte sind entscheidend in diesem Prozess, denn sie haben den größten Einfluss auf Zufriedenheit, Loyalität und Leistungsbereitschaft der Beschäftigten. Es ist daher besonders wichtig, dass sie überzeugt hinter der Arbeitgebermarke stehen und diese auch spürbar gegenüber den Mitarbeiterinnen und Mitarbeitern vertreten.

In der Praxis hapert es oft an der internen Kommunikation der Arbeitergebermarke. Häufig kommt es vor, dass die Beschäftigten erst aus der Presse bzw. aus der Werbung erfahren, wofür ihr Unternehmen als Arbeitgeber angeblich steht. Das führt im schlimmsten Fall zu Frustration und Ablehnung.

Die neue Employer Value Proposition (EVP) sollte deshalb zuerst intern implementiert werden, d. h., die Mitarbeiterinnen und Mitarbeiter werden informiert und für die neue Arbeitgebermarke begeistert. Sie erfüllen sie mit Leben, bevor die externe Kommunikation startet.

> Für die Kommunikation der Arbeitgebermarke gilt: zuerst nach innen, dann nach außen!

Informationen sorgen dafür, dass die Beschäftigten die Inhalte der Arbeitgebermarke kennen und verstehen. Dialog und Reflexion sorgen dafür, dass sie die Inhalte verinnerlichen, und die Einbeziehung in die Entwicklung konkreter Maßnahmen zum Erlebbarmachen der Arbeitgebermarke sorgt dafür, dass die Arbeitgebermarke immer spürbar mitgelebt und vorgelebt wird.

Der interne Dialog ist dabei der beste Weg zur internen Bekanntgabe von unternehmensstrategischen Grundlagen wie einer Arbeitgeberpositionierung.

Interne Implementierung im Überblick

Die interne Implementierung ist in drei Phasen unterteilt:
1. Information,
2. Interaktion und
3. Involvement.

Damit verbunden ist das Ziel, dass alle Mitarbeiter die Arbeitgebermarke
1. kennen,
2. verstehen und
3. (er-)leben.

Schritt 1: Informieren

Im ersten Schritt geht es also darum, die Mitarbeiter über die neu entwickelte Employer Brand zu informieren.
Die Geschäftsführung informiert von ihrer Ebene abwärts alle Beschäftigten – wichtig: zuerst die Führungskräfte! – von Beginn an und prozessbegleitend.
Mögliche Kommunikationsinstrumente auf dieser Ebene sind das Mail-Rundschreiben, das Intranet, Aushänge am Schwarzen Brett, persönliche Face-to-Face-Kommunikation über die Führungskräfte und Beschäftigtenversammlungen.

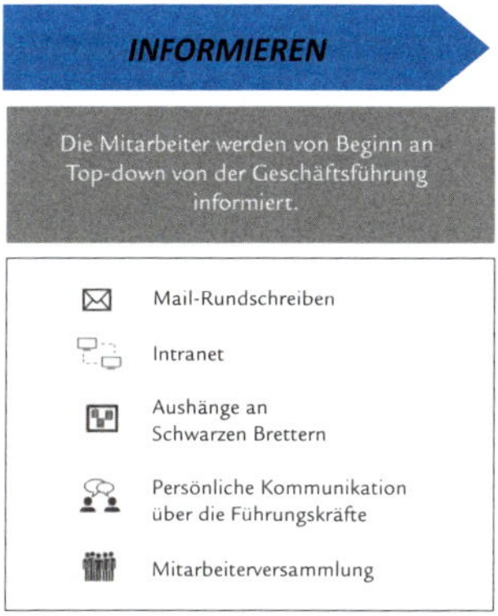

Abb. 18: Schritt 1 der internen Implementierung ©Scholz & Friends

Schritt 2: Interagieren

Die Information der Beschäftigten ist keine Einbahnstraße. In diesem Prozess wird ihnen die Möglichkeit gegeben, Fragen zu stellen sowie Kritik und Bedenken zu äußern. So können Unklarheiten beseitigt und die neue Marke umfassend diskutiert werden.

Abb. 19: Schritt 2 der internen Implementierung ©Scholz & Friends

Auch für diese Bottom-up-Kommunikation sollten gängige und den Beschäftigten vertraute Kommunikationskanäle genutzt werden. Hierbei geht es darum, die Reaktionen und Rückmeldungen der Beschäftigten systematisch aufzunehmen, um ggf. die Kommunikationsmaßnahmen daran auszurichten bzw. zu optimieren. Erfolg versprechende Tools für diese Ebene sind moderierte Diskussionsrunden in Teams, Rückmeldungen über die jeweiligen Führungskräfte, das Prinzip der „offenen Tür" sowie Zirkelsitzungen.

Schritt 3: Involvieren

Passend zur Unternehmenskultur werden die Beschäftigten in den Prozess aktiv eingebunden und an der Maßnahmenentwicklung beteiligt. So lässt sich die Identifikation signifikant erhöhen.

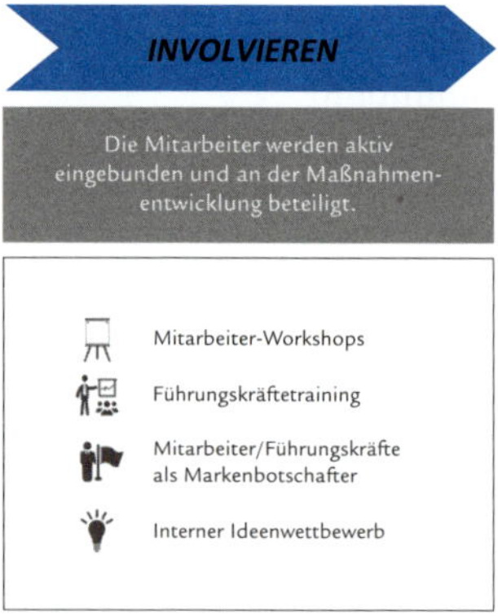

Abb. 20: Schritt 3 der internen Implementierung ©Scholz & Friends

Hierbei ist es wichtig, schnell umsetzbare und für alle Beschäftigten sichtbare Maßnahmen zu planen. Außerdem sollten auch in dieser Phase die Führungskräfte als zentrale Markenbotschafterinnen und Markenbotschafter geschult und einbezogen werden.
Sinnvolle Maßnahmen in dieser Phase sind Beschäftigtenworkshops mit einer repräsentativen Auswahl von Mitarbeiterinnen und Mitarbeitern, in denen eine Liste mit konkreten Hinweisen und Vorschlägen erarbeitet wird, wie die Arbeitgebermarke noch deutlicher im Unternehmen spürbar werden kann. Der Steuerkreis bzw. die Geschäftsführung beschließt anschließend einen konkreten Maßnahmenkatalog.

Phasen der internen Implementierung

In der Praxis ist es für den Erfolg der internen Implementierung entscheidend, dass alle beschriebenen Phasen umfassend durchlaufen werden – nur dann wird dieser Prozess wirklich gelingen!

30

Mit der internen Implementierung ist die Verankerung der Arbeitgebermarke im Unternehmen gemeint. Sie ist in die Phasen Information, Interaktion und Involvement zu unterteilen. Ziel ist, dass alle Mitarbeiterinnen und Mitarbeiter die Arbeitgebermarke kennen, verstehen, erleben und selbst vorleben. Die Employer Brand sollte zuerst nach innen, dann nach außen kommuniziert werden.

Abb. 21: Phasen der internen Implementierung ©Scholz & Friends

4.2 Markenkommunikation entlang der Kontaktpunkte

Nachdem die Arbeitgebermarke intern erfolgreich implementiert wurde, gilt es, sie auch außerhalb des Unternehmens bekannt zu machen. Entscheidend hierfür sind die sogenannten Kontaktpunkte (Touchpoints), d. h. die Stellen und Bereiche, an denen das Unternehmen mit der Zielgruppe seiner Arbeitgebermarke in Kontakt kommt.

Auch für Walter und Kremmel (2016) erfolgt die Profilierung der Arbeitgebermarke durch Kommunikation. So wird

- die Arbeitgebermarke am Arbeitsmarkt bekannt,
- das gewünschte Arbeitgeberimage etabliert und
- die Arbeitgeberattraktivität aufgebaut.

Hierfür wird auf verschiedene kommunikative Kontaktpunkte zugegriffen, die sich in unterschiedlichem Ausmaß zur Beeinflussung der Zielgruppen in den Phasen der Arbeitgeberwahl eignen.

Hierbei ist zu beachten, dass jeder dieser Kontaktpunkte zur Vermittlung der EVP genutzt werden soll – auch wenn er originär eine andere Hauptzielsetzung verfolgte. Damit machen die Autoren deutlich, dass das Kommunikationsprogramm für die Arbeitgebermarke sowohl spezifisch entwickelte Kampagnen als auch die „Bespielung" bereits vorhandener Kontaktpunkte des Rekrutierungsprozesses mit Botschaften zur Arbeitgebermarke beinhaltet.

Die EVP zum Leben erwecken

Für den Erfolg essenziell ist es, dass entlang der verschiedenen Kontaktpunkte ein in sich stimmiges Image vermittelt wird – nur so können Verwirrungen bei den Zielgruppen vermieden und durch den wiederholten Kontakt Wahrnehmungs- und Lernprozesse in Gang gesetzt werden.

In der Praxis hat sich gezeigt, dass es neben der konsistenten „Bespielung" der relevanten Kontaktpunkte noch weitere Anforderungen an die Kommunikation gibt: So sind heute vor allem originelle Lösungen gefragt, die sich von der Masse der Arbeitgeberauftritte abheben. Glückliche Arbeitnehmerinnen und Arbeitnehmer in typischen Arbeitssituationen und generische Versprechen dominieren diese Auftritte. Doch um gegen die Konkurrenz zu bestehen und wirklich etwas zu bewegen, braucht es einzigartige Lösungen, die an allen Kontaktpunkten (Touchpoints) erfahrbar werden und für Begeisterung sowie Interaktion sorgen.

Wichtig ist dabei, alle digitalen und nicht digitalen Kontaktpunkte nahtlos zu vernetzen und die Botschaften mittels umfassender User-Daten präzise zum Ziel zu führen.

Das in Abbildung 22 dargestellte Modell veranschaulicht den Weg eines potenziellen Beschäftigten vom ersten Kontakt mit der Arbeitgebermarke bis hin zum loyalen Beschäftigten, der das Unternehmen wiederum an potenzielle Mitarbeiterinnen und Mitarbeiter weiterempfiehlt.

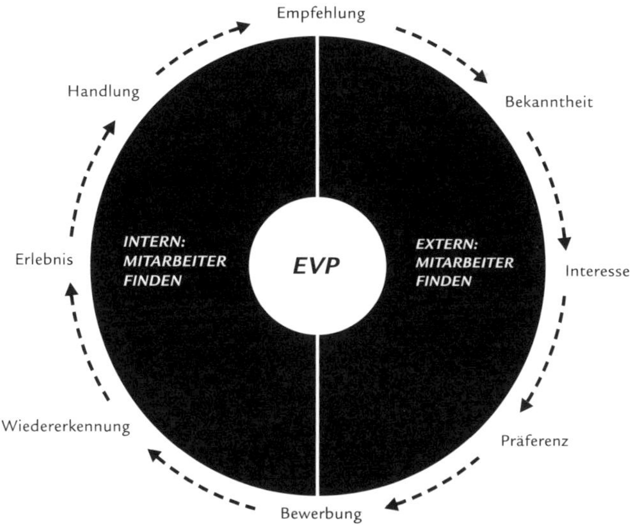

Abb. 22: Kommunikationsmodell Employer Branding
©Scholz & Friends

Phasen der Kommunikation

Die Kommunikation lässt sich grob in zwei Phasen unterteilen, die wiederum in einzelne Phasen gegliedert sind:

1. die Phase vor dem Eintritt ins Unternehmen (Vor-Eintritts-Phase), bestehend aus „Bekanntheit", „Interesse", „Präferenz", „Bewerbung",
2. die Phase nach dem Eintritt ins Unternehmen (Nach-Eintritts-Phase), bestehend aus „Wiedererkennung", „Erlebnis", „Handlung", „Empfehlung".

Kommunikationsinstrumente

Innerhalb der einzelnen Phasen bieten sich unterschiedliche Kommunikationsinstrumente zur Zielerreichung an. Die Übergänge sind allerdings fließend. Bestimmte Instrumente eignen sich z. B. sowohl für den Aufbau von Bekanntheit als auch zur Bildung von Interesse und Präferenz. Die folgenden Abbildungen zeigen mögliche Instrumente der Vor-Eintritts-Phase sowie der Nach-Eintritts-Phase.

Jedes Unternehmen muss die für die eigene Situation am besten passenden Instrumente identifizieren und sie anwenden. „One fits all" gibt es hier nicht – die Auswahl der Kommunikationsinstrumente in allen dargestellten Phasen muss individuell erfolgen.

30 *Nach der internen Implementierung der Arbeitgebermarke gilt es nun, sie entlang der Kontaktpunkte zum Leben zu erwecken. Gemeint sind alle Punkte, an denen das Unternehmen auf die Zielgruppe seiner Arbeitgebermarke trifft. Vom ersten Kontakt bis zum Eintritt ins Unternehmen und darüber hinaus soll die Marke für die Zielgruppe erlebbar sein.*

BEKANNTHEIT	INTERESSE	PRÄFERENZ	BEWERBUNG
• Online-Banner • Sponsored Content • Anzeigen • TV-Spot • Out-of-Home • Plakate, Poster und Aufsteller an Unis und Schulen • Sponsoring • Redaktionelle Berichterstattung • Paid Influencer • Empfehlungsmarketing • …	• Karrierewebsite • Newsletter • Social-Media-Profile • Arbeitgeber-Blog • Messestand • Beiträge in Foren • Vorträge an Unis und Schulen • Search Marketing • …	• Eigene Karriereevents • Info-Package für Interessenten • Probearbeitstag • Talent-Relation-Management-Programm • Persönliches Gespräch mit Personalabteilung • Bewertungsportale • …	• Bewerberschriftverkehr • Eingangsbestätigungen • Einladungsschreiben • Assessment Center • Bewerbungsgespräch/Interview • Vertragsverhandlung • Zusage- und Absageschreiben • …

Abb. 23: Instrumente der Vor-Eintritts-Phase ©Scholz & Friends

WIEDERERKENNUNG	ERLEBNIS	HANDLUNG	EMPFEHLUNG
• Intranet • Mitarbeiterzeitung • Newsletter und Broschüren • Aushänge und Infoscreens • Werbung im Firmengelände • Kick-off-Events • Einführungstage • Markenhandbuch • …	• Verhalten der Führungskräfte • Angebote des Personalmanagements • Gestaltung der Arbeitswelt • Formeln und Rituale • Meetingkultur • Raumgestaltung • Schulungen und Workshops • …	• Die Mitarbeiter verhalten sich entsprechend der Employer Brand und werden zu Markenbotschaftern	• Die Mitarbeiter empfehlen ihren Arbeitgeber weiter

Abb. 24:
Instrumente der Nach-Eintritts-Phase
©Scholz & Friends

4.3 Kontrolle des Erfolgs der Arbeitgebermarke

Beim Employer Brand Controlling wird der Erfolg der entwickelten Arbeitgebermarke danach untersucht, ob die gesetzten Ziele erreicht worden sind. Für die Implementierung eines professionellen Controllings ist es notwendig, dass alle relevanten Kennzahlen ausgewählt werden.

Relevante Kennzahlen können sein:

- **in Bezug auf die Rekrutierungsziele:** Zahl der eingegangenen Bewerbungen in einem definierten Zeitraum, Frühfluktuationsrate
- **zur Kontrolle der psychografischen Markenziele:** die Arbeitgeberreputation, die Bewerbersicht sowie die Arbeitgeberbekanntheit

Ebenfalls wichtig ist es, zu untersuchen, welche internen Effekte durch die Arbeitgebermarke entstehen, beispielsweise eine emotionale Bindung der Beschäftigten an das Unternehmen. Anschließend wird ein Erhebungsplan entwickelt und die Ergebnisdarstellung festgelegt.

30

Bei der Kommunikation der Arbeitgebermarke gilt: zuerst nach innen, dann nach außen. Zunächst geht es also darum, sicherzustellen, dass die bestehende Belegschaft die Arbeitgebermarke kennt, versteht und mit Leben füllt.

Im nächsten Schritt erfolgt die Profilierung der Arbeitgebermarke auf dem Arbeitsmarkt. Dies geschieht über Kommunikation. Es braucht originelle Lösungen, die an allen Kontaktpunkten erfahrbar werden und für ein konsistentes Markenerlebnis sorgen – beginnend beim ersten Kontakt eines potenziellen Beschäftigten mit dem Arbeitgeber. Dabei können unterschiedlichste Kommunikationsinstrumente zum Einsatz kommen.

Der letzte Schritt des Employer Brand Managements stellt schließlich die Erfolgskontrolle dar, die anhand aussagekräftiger Kennzahlen in Bezug auf Rekrutierungsziele und psychografische Markenziele vorgenommen wird.

Sieben Erfolgsregeln für Employer Branding

Wenn Sie bis hierher gelesen haben, sind Sie mittlerweile über die einzelnen Schritte des systematischen Employer Branding informiert und hoffentlich auch von dessen immenser Bedeutung für die Zukunftsfähigkeit von Unternehmen überzeugt. Damit Sie mit Ihrer Arbeitgebermarke Ihre Ziele erreichen, bieten wir Ihnen abschließend noch einmal die sieben wichtigsten Erfolgsregeln auf einen Blick. Auf den nächsten Seiten finden Sie ergänzende Hinweise zu jeder Erfolgsregel.

Sieben Erfolgsregeln im Überblick

1. Planen Sie langfristig.
2. Holen Sie sich das Commitment von ganz oben.
3. Beziehen Sie die Beschäftigten ein.
4. Entwickeln Sie die Employer Brand aus den eigenen Stärken und der eigenen Kultur.
5. Implementieren Sie die Employer Brand zuerst im Unternehmen.
6. Erwecken Sie die EVP an allen relevanten Kontaktpunkten zum Leben.
7. Messen Sie den Erfolg.

1. Planen Sie langfristig

Unternehmen, die sich erfolgreich mit Employer Branding positionieren wollen, sollten dieses Vorhaben langfristig und nachhaltig angehen. Der Aufbau einer funktionierenden Arbeitgebermarke ist immer mit Kosten verbunden und muss über Jahre hinweg kontinuierlich verfolgt werden – darüber sollte man sich von Anfang an im Klaren sein. Denn nur durch eine langfristig ausgerichtete Planung kann die Arbeitgebermarke im Markt dauerhaft gefestigt werden. Und nur so wird sie auch tatsächlich ihren Zweck erfüllen: die feste Positionierung des Unternehmens als attraktiver Arbeitgeber in den Köpfen von zukünftigen, bestehenden und früheren Beschäftigten.

2. Holen Sie sich das Commitment von ganz oben

Employer Branding kann einen enormen Einfluss auf das Unternehmen und seine Kultur haben. Es kann zu besseren Arbeitsbedingungen und mehr Zufriedenheit in der Belegschaft führen. Und es kann existenzielle Change-Prozesse positiv beeinflussen. Aber all diese positiven Effekte treten nur ein, wenn es den Stellenwert bekommt, den es verdient.

Das Commitment von ganz oben ist essenziell, damit die Arbeitgebermarke wirklich gelebt wird. Denn wenn das Top-Management sie nicht vorlebt, wird sie auch im Unternehmen nicht gelebt werden.

3. Beziehen Sie die Mitarbeiterinnen und Mitarbeiter ein

Nur wenn die Beschäftigten in den gesamten Prozess miteinbezogen werden – und zwar von Anfang an –, kann dieser gelingen und die bestmögliche Wirkung erzielen.

Aus diesem Grund müssen Mitarbeiterinnen und Mitarbeiter bereits in der Analysephase beteiligt werden, aber auch die Auswahl der Kommunikationsmittel begleiten und während des gesamten Prozesses immer wieder um Feedback gebeten werden. Nur so lässt sich eine breite Unterstützung für die Arbeitgebermarke in der Belegschaft aufbauen – und diese Unterstützung ist essenziell für das Gelingen des gesamten Employer-Branding-Prozesses.

4. Entwickeln Sie die Employer Brand aus den eigenen Stärken und der eigenen Kultur

Viele Arbeitgebermarken versprechen das Gleiche, weil sie sich bei der Erarbeitung der Positionierung vor allem an den Anforderungen der Zielgruppe orientieren, die in den gängigen Studien für jedermann nachzulesen sind.

Wer aus der Masse herausstechen möchte, muss sich auf die eigenen Stärken und die eigene Kultur berufen. In fast jedem Unternehmen steckt etwas Einzigartiges, das sich im Markt unterscheidet und eine hohe Attraktivität für die Zielgruppe besitzt. Dieser Fakt sollte das Zentrum der Positionierung bilden.

5. Implementieren Sie die Employer Brand zuerst im Unternehmen

Oftmals erfahren die Mitarbeiterinnen und Mitarbeiter erst aus der Presse bzw. aus der Werbung, wofür ihr Unternehmen als Arbeitgeber steht bzw. stehen soll. Das führt im schlimmsten Fall zu Frustration und Ablehnung.

Um dieses zu verhindern, gilt folgende Faustregel: Die neue Employer Value Proposition (EVP) sollte zuerst intern implementiert werden, d. h., die Mitarbeiterinnen und Mitarbeiter werden informiert und für die neue Arbeitgebermarke begeistert, und zwar schon bevor die externe Kommunikation startet. Zuerst nach innen, dann nach außen!

6. Erwecken Sie die EVP an allen relevanten Kontaktpunkten zum Leben

Glückliche Arbeitnehmerinnen und Arbeitnehmer in typischen Arbeitssituationen und generische Versprechen dominieren die Auftritte der meisten Arbeitgeber. Um in dieser Welt zu bestehen, um sich von der Masse abzuheben und wirklich etwas zu bewegen, braucht es jedoch originelle Lösungen, die an allen Kontaktpunkten erfahrbar werden und für Begeisterung sowie Interaktion sorgen. Seien Sie mutig!

Wichtig dabei ist, alle digitalen und nicht digitalen Kontaktpunkte nahtlos zu vernetzen und die Botschaften mittels umfassender User-Daten präzise zum Ziel zu führen.

7. Messen Sie den Erfolg

Eine detaillierte und permanente Erfolgsmessung ist wie im gesamten Management auch für den Erfolg des Employer-Branding-Prozesses wichtig. Es empfiehlt sich, zu Beginn messbare KPIs festzulegen, eine Nullmessung durchzuführen und die Entwicklung regelmäßig nachzuhalten.

Fast Reader

1. Beschäftigte finden und binden – eine Herausforderung

Aufgrund des demografischen Wandels und des damit verbundenen Fachkräftemangels gibt es in Deutschland immer weniger potenzielle Mitarbeiterinnen und Mitarbeiter für Unternehmen. Bis zum Jahr 2050 wird sich die Zahl der Arbeitnehmer fast halbieren!
Der Kampf um die Potentials hat sich dementsprechend deutlich verschärft, der sogenannte War for Talents ist heutzutage in vollem Gange. Das Finden und Binden der richtigen Beschäftigten wird daher für immer mehr Unternehmen zur zentralen Business-Herausforderung.
Auch die Expertinnen und Experten sind sich einig: Die Bedeutung von Employer Branding hat in den letzten Jahren entscheidend zugenommen – und auch in Zukunft wird das Thema für die deutschen Unternehmen immer wichtiger werden.

Viele Organisationen wollen ihre Arbeitgebermarke aktiv steuern und nicht mehr nur passiv auf Entwicklungen reagieren. Dies erfordert
- ***eine geeignete Employer-Branding-Strategie und***
- ***deren konsequente Umsetzung.***

2. Was ist Employer Branding?

Unter Employer Branding wird der Aufbau und die Pflege einer attraktiven Arbeitgebermarke verstanden, der sogenannten Employer Brand. Die damit verbundenen Maßnahmen verfolgen das Ziel, die Right Potentials, also die für das jeweilige Unternehmen richtigen Mitarbeiterinnen und Mitarbeiter, zu finden und an das Unternehmen zu binden.
Dabei bringt die Arbeitgebermarke möglichst klar und präzise auf den Punkt, wofür das Unternehmen in seiner Rolle als Arbeitgeber steht bzw. stehen möchte.
Die Grenzen des Employer Brandings zum Personalmarketing und zum Recruiting sind in der Praxis durchaus fließend. Grundsätzlich lässt sich aber folgende Unterscheidung vornehmen: Employer Branding ist strategisch, Personalmarketing und Recruiting sind taktisch bzw. operativ ausgerichtet.

30 ***Der Prozess des Employer Brand Managements ist eingeteilt in die strategische und in die operative Phase. Die strategische Phase umfasst dabei die Bereiche***

- ***strategische Analyse der Situation und***
- ***Festlegen einer Strategie für die Arbeitgebermarke.***

Die operative Phase umfasst die Bereiche

- ***Arbeitgebermarke kommunizieren und***
- ***das Controlling des Erfolgs der eingeleiteten Maßnahmen.***

3. Arbeitgebermarke definieren

Bei der Arbeitgeberpositionierung geht es darum, die Eigenschaften eines Unternehmens als Arbeitgeber festzulegen, die eine hohe Attraktivität für die Zielgruppe besitzen und eine Differenzierung zum Wettbewerb ermöglichen. So wird die Employer Value Proposition herausgearbeitet – das zentrale Versprechen an bestehende und potenzielle Beschäftigte.
Die Definition der Employer Value Proposition (EVP) erfolgt auf Basis einer umfassenden Analyse von Unternehmen, Zielgruppe, Wettbewerb und Unternehmensmarke. Zentrum der Positionierung bilden die besonderen Stärken und indi-

viduellen Kulturmerkmale des Unternehmens, welche im Markt differenzieren und die Zielgruppe ansprechen.
Nachdem die EVP klar formuliert wurde, kann ein Kommunikationsprogramm festgelegt werden. Das Kommunikationsprogramm legt die Copy-Strategie (Argumentations- und Gestaltungsrichtlinie, Grundlage für das Briefing der Agentur), das Budget und die Kommunikationsschwerpunkte sowie die konkreten Kommunikationsinstrumente und den Kommunikationsplan für die Arbeitgebermarke fest.

30

Damit eine Arbeitgebermarke die gewünschte Wirkung erzielen kann, sollte bei ihrer Formulierung darauf geachtet werden, dass sie folgende Anforderungen erfüllt:
Eine Arbeitgebermarke sollte
- ***im Unternehmen geerdet sein,***
- ***im Einklang mit der Vision des Unternehmens sein,***
- ***für die Zielgruppe – also Right Potentials – relevant sein,***
- ***differenzierend zum Wettbewerb sein und***
- ***zur Unternehmensmarke passen.***

4. Arbeitgebermarke kommunizieren

Die Profilierung der Arbeitgebermarke erfolgt durch Kommunikation. Dabei sollte die Employer Brand zuerst nach innen, dann nach außen kommuniziert werden. Die bestehenden Mitarbeiterinnen und Mitarbeiter sollten also die Ersten sein, die von der Arbeitgebermarke erfahren.

Um die Arbeitgebermarke im Unternehmen zu verankern, ist die interne Implementierung in die Phasen Information, Interaktion und Involvement zu unterteilen. Ziel ist, dass alle Mitarbeiterinnen und Mitarbeiter die Arbeitgebermarke kennen, verstehen, erleben und selbst vorleben.

Darauf aufbauend erfolgt die eigentliche Markenkommunikation. Es braucht originelle Lösungen, die an allen Kontaktpunkten erfahrbar werden und für ein konsistentes Markenerlebnis sorgen – beginnend beim ersten Kontakt eines potenziellen Beschäftigten mit dem künftigen Arbeitgeber. Dabei können unterschiedlichste Kommunikationsinstrumente zum Einsatz kommen.

Am Ende dieses Prozesses steht die Evaluation, also die Kontrolle, ob die Arbeitgebermarke tatsächlich wie geplant funktioniert.

30 ***Die Markenkommunikation lässt sich in verschiedene Phasen unterteilen. Vor dem Eintritt einer***

neuen Mitarbeiterin oder eines neuen Mitarbeiters ins Unternehmen geht es darum,

- *die Marke bekannt zu machen,*
- *Interesse für die Marke zu wecken,*
- *sie zur Präferenz zu machen und*
- *zur Bewerbung zu animieren.*

Nach dem Eintritt ins Unternehmen folgen die Phasen Wiedererkennung, Erlebnis, Handlung und Empfehlung – im Idealfall empfiehlt die neue Mitarbeiterin oder der neue Mitarbeiter die Marke also weiter.

Die Autor_innen

Prof. Dr. Astrid Nelke studierte Publizistik und Kommunikationswissenschaft an der FU Berlin, wo sie 2008 auch promovierte. Nach Stationen in der Konzernpolitik der Deutschen Lufthansa AG, der Bundesgeschäftsstelle der CDU Deutschland und als Leiterin der Presse- und Öffentlichkeitsarbeit bei einem Arbeitgeberverband in der Baubranche ist sie seit 2014 als Hochschullehrerin für Unternehmenskommunikation und Innovationsmanagement an der FOM Hochschule für Oekonomie & Management in Berlin tätig. Daneben berät sie mit ihrem Team von [know:bodies] Unternehmen und Organisationen zu den Themen interne und externe Kommunikation sowie Talentmanagement und Employer Branding.

Kontakt: nelke@knowbodies.de

Malte Fischer leitet seit 2016 die neue Unit für Employer Brand Consulting bei Scholz & Friends. Zuvor war er bereits über 15 Jahre als Markenstratege tätig. Zuletzt verantwortete er als Executive Strategy Director am Berliner Standort von Scholz & Friends die Marken- und Kommunikationsstrategien diverser nationaler und internationaler Unternehmen und Arbeitgeber.

Schwerpunkte seiner Tätigkeit sind heute die Entwicklung von Arbeitgeberpositionierungen sowie Kommunikations- und Implementierungsstrategien für Arbeitgebermarken.

Kontakt: malte.fischer@s-f.com

Weiterführende Literatur

- Deutsche Gesellschaft für Personalführung: Die Arbeitgebermarke gestalten und im Personalmarketing umsetzen, 2. Aufl., Bertelsmann Verlag, 2012
- Esch, F.-R.: Internal Branding: Wie Sie mit Mitarbeitern Ihre Marke stark machen, Vahlen, 2014
- Kriegler W. R.: Praxishandbuch Employer Branding. Mit starker Marke zum attraktiven Arbeitgeber werden, 2. Aufl., Haufe Lexware, 2014
- Meffert, H., Burmann, C.: Markenmanagement: Identitätsorientierte Markenführung und praktische Umsetzung, 2. Aufl., Springer Gabler, 2005
- Rath, B. H., Salmen, S. (Hrsg): Recruiting im Social Web. Talentmanagement 2.0 – So begeistern Sie Netzwerker für Ihr Mitmach-Unternehmen!, BusinessVillage, 2012
- Stotz, W., Wedel-Klein, A.: Employer Branding. Mit Strategie zum bevorzugten Arbeitgeber, 2. Aufl., Oldenbourg Verlag, 2013
- Trost, A.: Talent Relationship Management. Personalgewinnung in Zeiten des Fachkräftemangels, Springer, 2012
- Von Walter, B., und Kremmel, D.: Employer Brand Management. Arbeitgebermarken aufbauen und steuern, Springer Gabler, 2016

Register